空中交通安全管理

主　编 杨昌其
参编人员 郭九霞　廖　勇　武丁杰　张晓燕

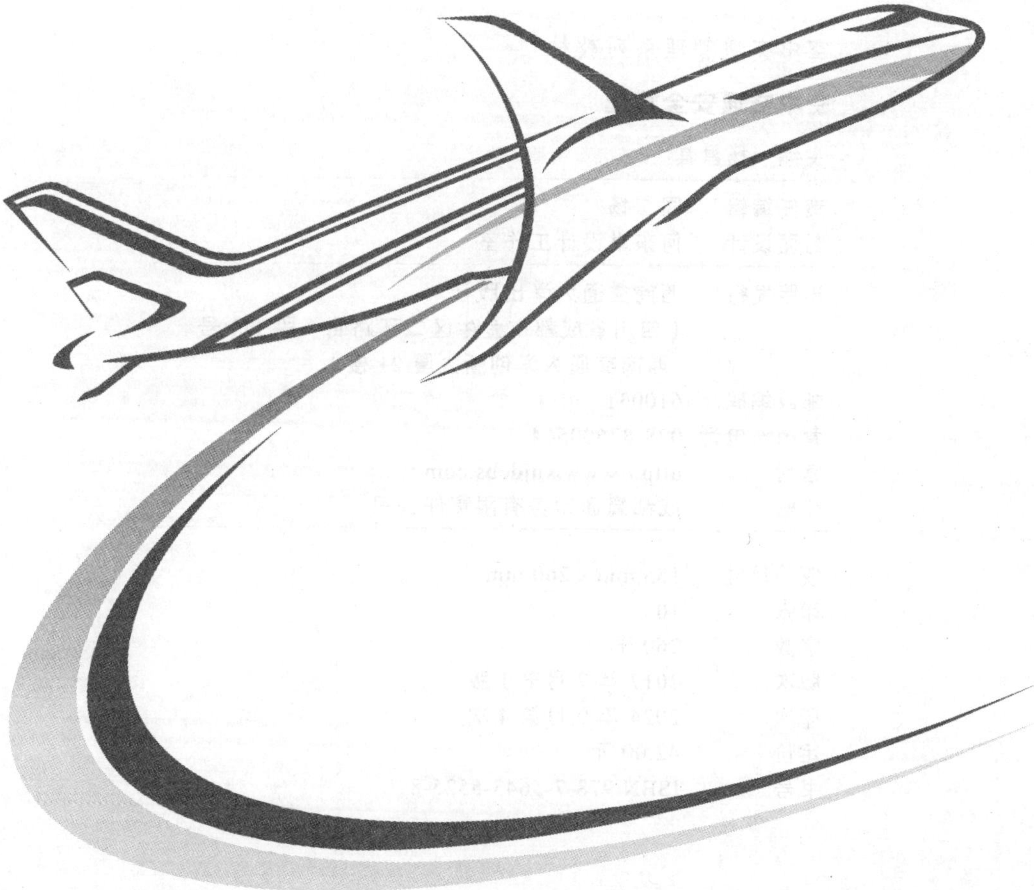

西南交通大学出版社
·成都·

图书在版编目（CIP）数据

空中交通安全管理 / 杨昌其主编. —成都：西南交通大学出版社，2017.7（2024.9 重印）
空中交通管理系列教材
ISBN 978-7-5643-5525-8

Ⅰ. ①空… Ⅱ. ①杨… Ⅲ. ①空中交通管制 – 高等学校 – 教材 Ⅳ. ①V355.1

中国版本图书馆 CIP 数据核字（2017）第 145865 号

空中交通管理系列教材

空中交通安全管理

主编	杨昌其
责任编辑	周　杨
封面设计	何东琳设计工作室
出版发行	西南交通大学出版社 （四川省成都市金牛区二环路北一段 111 号 西南交通大学创新大厦 21 楼）
邮政编码	610031
营销部电话	028-87600564
官网	http://www.xnjdcbs.com
印刷	成都蜀通印务有限责任公司

成品尺寸	185 mm × 260 mm
印张	10
字数	260 千
版次	2017 年 7 月第 1 版
印次	2024 年 9 月第 4 次
定价	42.00 元
书号	ISBN 978-7-5643-5525-8

课件咨询电话：028-81435775
图书如有印装质量问题　本社负责退换
版权所有　盗版必究　举报电话：028-87600562

总　序

民航是现代综合交通运输体系的有机组成部分，以其安全、快捷、通达、舒适等独特优势确立了独立的产业地位。同时，民航在国家参与经济全球化、推动老少边穷地区发展、维护国家统一和民族团结、保障国防和经济安全、加强与世界不同文明沟通、催生相关领域科技创新等方面都发挥着难以估量的作用。因此，民航业已成为国家经济社会发展的战略性先导性产业，其发达程度直接体现了国家的综合实力和现代化水平。

自改革开放以来，我国民航业快速发展，行业规模不断扩大，服务能力逐步提升，安全水平显著提高，为我国改革开放和社会主义现代化建设做出了突出贡献。可以说，我国已经成为名副其实的民航大国。站在新的历史起点上，在2008年的全国民航工作会议上，民航局提出了全面推进建设民航强国的战略构想，拉开了我国由民航大国迈向民航强国的序幕。

要实现民航大国向民航强国的转变，人才储备是最基本的先决条件。长期以来，我国民航业发展的基本矛盾是供给能力难以满足快速增长的市场需求。而其深层次的原因之一，便是人力资源的短缺，尤其是飞行、空管和机务等专业技术人员结构不合理，缺乏高级技术、管理和安全监管人才。有鉴于此，国务院在《关于促进民航业发展的若干意见》中明确指出，要强化科教和人才支撑，要实施重大人才工程，加大飞行、机务、空管等紧缺专业人才的培养力度。

正是在这样的大背景下，作为世界上最大的航空训练机构，作为中国民航培养飞行员和空中交通管制员的主力院校，中国民航飞行学院以中国民航可持续发展为己任，勇挑历史重担，结合自身的办学特色，整合优势资源，组织编写了这套"空中交通管理系列教材"，以解当下民航专业人才培养的燃眉之急。在这套教材的规划、组织和编写过程中，教材建设团队全面贯彻落实《国家中长期教育改革和发展规划纲要(2010—2020年)》，以培养适应民航业岗位需要的、具有"工匠精神"的应用型高素质人才为目标，创新人才培养模式，突出民航院校办学特色，坚持"以飞为主，协调发展"的方针，深化"产教融合、校企合作"，强化学生实践能力培养。同时，教材建设团队积极推进课程内容改革，在优化专业课程内容的基础上，加强包括职业道德、民航文化在内的人文素养教育。

由中国民航飞行学院编写的这套教材，高度契合民航局颁布的空中交通管制员执照理论考试大纲及知识点要求，对相应的内容体系进行了完善，从而满足了民航专业人才培养的新要求。可以说，本系列教材的出版恰逢其时，是一场不折不扣的"及时雨"。

由于空中交通管理专业涉及的知识点多，知识更新速度快，因此教材的编写是一项极其艰巨的任务。但令人欣喜的是，中国民航飞行学院的教师们凭借严谨的工作作风、深厚的学术造诣以及坚韧的精神品质，出色地完成了这一任务。尽管这套教材在模式创新方面尚存在瑕疵，但仍不失为当前民航人才培养领域的优秀教材，值得大力推广。我们相信，这套教材的出版必将为我国民航人才的培养做出贡献，为我国民航事业的发展做出贡献！

是为序。

中国民航飞行学院
教材编写委员会
2016 年 7 月 1 日

前 言
Preface

近百年来,安全始终是民航业的首要问题,全球空管界经过长期不懈的努力,在保证空中交通安全方面取得了令人瞩目的成就。但随着现代民航业以资本密集、技术密集和高风险为标志的高度规模化发展,现在和未来的空中交通安全问题,已不仅是一个单纯的空中交通管制技术问题,它已经成为一个更加系统性的安全管理问题。为此,早在2001年11月,国际民航组织在附件11中建议各国在空中交通服务单位中建立安全管理体系(SMS),我国民航空管行业对此做出了积极回应,各空管单位已在2012年前建立了符合国际民航组织要求的安全管理体系。随着SMS等安全管理理念的引入和发展,国际民航组织将各附件中有关安全管理的条款整合、完善后于2013年7月发布了附件19安全管理,民航业的安全管理将同运行管理一样向技术化、专业化、系统化发展。

为了适应空管行业新方法新技术的深入使用,符合空管运行安全管理的要求,规范空中交通管制人员和情报人员的基础培训,2012年7月,民航局发布了《民用航空空中交通管制和情报基础专业培训大纲》(WM-TM-2012-003),该大纲在空中交通管制和情报基础专业培训中增加《空中交通安全管理》课程,最低教学时数为16学时。同月,中国民用航空飞行学院修订了《交通运输专业人才培养方案》,按民航局大纲要求调整了课程设置,增加了对交通运输专业开设《空中交通安全管理》课程,学时为16学时。《空中交通安全管理》课程是交通运输专业的一门专业核心课,通过对该课程的学习,使学生理解空中交通安全管理的基本概念和基础理论,了解人、设施、环境、管理等因素对空中交通安全的影响,掌握安全风险管理的方法与技术,了解安全绩效目标与指标,了解安全性能监控与调查,掌握安全评估的程序与方法,了解安全管理体系的内容及其运行。

本书由杨昌其主编,全书共分为10章。第1章安全管理概述、第2章航空安全管理基础理论,由杨昌其编写,对安全管理有关概念、发展阶段和责任作了总体介绍,并介绍了安全管理涉及的基础理论与方法;第3章国家安全方案,由郭九霞编写,介绍了国家安全方案的概念、框架和实施;第4章安全管理体系,由杨昌其编写，介绍了安全管理体系的背景及概念、结构及内容、建设与运行；第5章民航安全文化，由杨昌其编写，介绍了安全文化的概念和内涵、组成和特征及其积淀与形成；第6章风险管理，由杨昌其和武丁杰编写，介绍了风险管理的程序、方法并列举了案例进行说明，并分别介绍了危险识别、风险评估、风险控制的方法及实施；第7章安全评估由杨昌其和张晓燕编写，介绍了安全评估的概念、启动时机、程序及方法；第8章安全审计由杨昌其编写，介绍了安全审计的概念、分类、内容、程序并讲述了其与安全管理体系的关系；第9章安全分析和安全绩效监控由郭九霞编写，介绍了安全分析和安全绩效监控有关概念、方法与手段；第10章事故与不安全事件由廖勇编写，介绍了事故、事故征候与不安全事件有关概念，不安全事件的报告类型与程序、调查范围及程序、调查方法，不安全事件分析方法及案例应用。

在本书编写过程中，得到了中国民航飞行学院空管学院和教务处各级领导和同事的大力支持，并提出了很好的建议，民航局空管办、民航局空管局、华北空管局、华东空管局、西南空管局等单位和个人提供了大量的资料，先后参加本书编写和校稿工作的还有朱新平、吴涛、何伟、肖祎祎、周靖力、李远、谭娟、仇争平、付新伟、朱志童、孔祥进，在此一并表示衷心感谢！

民航空中交通系统发展十分迅速，安全管理的要求日新月异，可能会导致部分内容不能及时更新；同时，由于内容涉及范围广，编写时间仓促，加之编者水平有限，书中难免存在不足和错误之处，敬请读者批评指正。

编　者
2017年3月

目 录
Contents

第1章 安全管理概述 ··········1
1.1 安全管理的有关概念 ··········1
1.1.1 安全的概念 ··········1
1.1.2 危险的概念 ··········1
1.1.3 风险的概念 ··········3
1.1.4 安全管理的概念 ··········4
1.2 国内外民航安全管理发展阶段 ··········4
1.2.1 国际民航安全管理的发展阶段 ··········4
1.2.2 我国民航安全管理的发展阶段 ··········5
1.3 安全管理的责任 ··········7
1.3.1 安全管理的四大责任 ··········7
1.3.2 对安全管理负有责任的各当事方 ··········7
1.3.3 全球合作 ··········11
1.4 本章小结 ··········12
复习思考题 ··········12

第2章 航空安全管理基础理论 ··········13
2.1 系统科学理论 ··········13
2.2 戴明环（PDCA）循环理论 ··········15
2.3 SHEL模型 ··········16
2.4 墨菲定律 ··········18
2.5 事故起因模型-REASON模型 ··········18
2.6 海恩法则和事故的冰山理论 ··········19
2.6.1 海因里希法则和海恩法则 ··········19
2.6.2 事故控制理论"冰山原理" ··········20
2.7 DECIDE模型 ··········20
2.8 质量管理的八项原则 ··········22
2.9 本章小结 ··········23
复习思考题 ··········23

第3章 国家安全方案（SSP） ······24

3.1 国家安全方案的概念 ······24
3.2 国家安全方案的框架 ······25
3.2.1 国家安全政策和目标 ······26
3.2.2 国家安全风险管理 ······27
3.2.3 国家安全保证 ······28
3.2.4 国家安全促进 ······29
3.3 国家安全方案的实施 ······29
3.3.1 监管体系描述 ······30
3.3.2 系统差异分析 ······30
3.3.3 国家安全方案实施计划 ······30
3.3.4 安全指标 ······30
3.3.5 国家安全方案的实施—分阶段的做法 ······32
3.4 SSP 与安全管理体系（SMS）的关系 ······32
3.5 SSP 与安全监管的关系 ······34
3.6 本章小结 ······34
复习思考题 ······35

第4章 安全管理体系（SMS） ······36

4.1 安全管理体系背景及概念 ······36
4.1.1 国际背景 ······36
4.1.2 国内背景 ······37
4.1.3 安全管理体系的概念 ······38
4.1.4 实施 SMS 的重大意义 ······39
4.2 安全管理体系结构与内容 ······39
4.2.1 SMS 模块、要素和工具的概念 ······39
4.2.2 ICAO 安全管理体系（SMS）的结构与内容 ······40
4.2.3 我国民航空管运行单位 SMS 的模块和要素构成 ······41
4.2.4 民航空管系统的 SMS ······43
4.3 安全管理体系建设与运行 ······48
4.3.1 概述 ······48
4.3.2 阶段Ⅰ——SMS 策划和准备 ······49
4.3.3 阶段Ⅱ——SMS 手册与工具建设 ······56
4.3.4 阶段Ⅲ——SMS 试运行与正式运行 ······59
4.4 本章小结 ······64
复习思考题 ······64

第5章 民航安全文化 ·· 65

5.1 安全文化的概念和内涵 ·· 65
5.1.1 安全文化及民航安全文化的概念 ··· 65
5.1.2 安全文化及民航安全文化的内涵 ··· 67
5.2 安全文化的组成和特征 ·· 68
5.2.1 文化因素 ··· 68
5.2.2 企业安全文化 ··· 70
5.3 安全文化的积淀与形成 ·· 73
5.4 本章小结 ·· 75
复习思考题 ·· 75

第6章 风险管理 ·· 76

6.1 风险管理概述 ·· 76
6.1.1 风险管理的起源及发展 ··· 76
6.1.2 风险管理的定义 ··· 77
6.1.3 风险管理的流程 ··· 77
6.2 危险识别 ·· 79
6.2.1 危险识别的概念 ··· 79
6.2.2 危险的构成、分类及描述 ··· 79
6.2.3 危险识别的方法 ··· 80
6.2.4 危险识别的应用 ··· 87
6.3 风险评估 ·· 89
6.3.1 风险评估的概念 ··· 89
6.3.2 风险评估的方法 ··· 90
6.3.3 风险评估的应用 ··· 94
6.4 风险控制 ·· 95
6.4.1 风险控制的概念 ··· 95
6.4.2 风险控制的方法 ··· 95
6.4.3 风险控制的应用 ··· 96
6.5 本章小结 ·· 97
复习思考题 ·· 97

第7章 安全评估 ·· 98

7.1 安全评估概述 ·· 98
7.1.1 安全评估的定义 ··· 99
7.1.2 安全评估的基本原理 ··· 99

  7.2 安全评估的启动 ·········· 99
  7.3 安全评估的程序 ·········· 100
  7.4 安全评估的方法 ·········· 101
  7.5 本章小结 ·········· 104
  复习思考题 ·········· 104

第 8 章　安全审计 ·········· 105

  8.1 安全审计的概念及分类 ·········· 105
    8.1.1 财务审计 ·········· 105
    8.1.2 安全审计 ·········· 106
  8.2 ICAO 普遍安全监督审计计划（USOAP） ·········· 107
    8.2.1 ICAO USOAP 的定义 ·········· 107
    8.2.2 ICAO USOAP 的实施背景 ·········· 107
    8.2.3 ICAO USOAP 审计的目的和原则 ·········· 108
    8.2.4 全面的系统方法 ·········· 109
    8.2.5 安全监督系统的 8 个关键要素 ·········· 109
    8.2.6 USOAP 审计过程介绍 ·········· 110
  8.3 中国民航安全审计（CASAP） ·········· 112
    8.3.1 中国民航安全审计的定义 ·········· 112
    8.3.2 中国民航安全审计实施指南 ·········· 112
    8.3.3 空中交通管理安全审计 ·········· 113
  8.4 安全审计与安全管理体系的关系 ·········· 113
    8.4.1 概念辨析 ·········· 113
    8.4.2 安全审计和 SMS 审核的实施 ·········· 114
  8.5 本章小结 ·········· 114
  复习思考题 ·········· 115

第 9 章　安全分析和安全绩效监控 ·········· 116

  9.1 安全分析与安全研究的方法 ·········· 116
    9.1.1 安全分析方法 ·········· 116
    9.1.2 安全形势分析会 ·········· 117
  9.2 安全绩效监控的方法与手段 ·········· 117
    9.2.1 安全检查 ·········· 117
    9.2.2 安全绩效管理 ·········· 118
  9.3 本章小结 ·········· 121
  复习思考题 ·········· 122

第 10 章 事故与不安全事件 ··········· 123

10.1 事故与不安全事件的有关概念 ··········· 123
10.2 不安全事件报告制度 ··········· 124
10.2.1 强制报告制度 ··········· 124
10.2.2 自愿报告制度 ··········· 124
10.3 不安全事件调查 ··········· 125
10.4 不安全事件分析 ··········· 126
10.4.1 不安全事件的分析框架 ··········· 126
10.4.2 不安全事件的分析步骤 ··········· 133
10.4.3 空管不安全事件案例分析 ··········· 134
10.5 本章小结 ··········· 137
复习思考题 ··········· 137

参考文献 ··········· 138

附录 1 空管安全管理体系差异分析表 ··········· 141

附录 2 安全文化建设要点 ··········· 145

附录 3 危险源信息报告单 ··········· 147

附录 4 涉及空管的危险举例 ··········· 148

第 1 章　安全管理概述

1.1　安全管理的有关概念

1.1.1　安全的概念

为了理解安全管理，有必要了解"安全"的含义。依据一个人看问题角度的不同，航空安全概念可能有不同的含义，例如：

（1）零事故（或严重事故征候），这是旅行大众普遍持有的一种观点；
（2）免于危险或风险，即免于引起或可能引起伤害的因素；
（3）员工对待不安全行为或状况的态度（反映企业的"安全"文化）；
（4）航空业固有风险的"可接受"程度；
（5）危险识别和风险管理过程；
（6）事故损失（人员伤亡和财产损失，以及对环境的损害）的控制。

尽管消除事故（和严重事故征候）是人们渴望的，但百分之百的安全率是达不到的。即使尽最大的努力来避免，还是会难免发生失效和差错。没有任何人类活动或人造系统能保证绝对的安全，即无风险。安全是个相对的概念，因而"安全"系统中的内在风险是可接受的。

安全（Safety）逐渐被认为是对风险的管理。按照国际民航组织（ICAO）《安全管理手册》（DOC9859 AN/460）对安全的定义，安全具有以下含义：安全是一种状态，即通过持续的危险识别和风险管理过程，将人员伤害或财产损失的风险降至并保持在可接受的水平或其以下。

1.1.2　危险的概念

危险（Hazard）是指可能造成人员伤亡、设备或结构受损、材料缺失或执行能力减弱的条件、情况或物体。

国际民航组织（ICAO）第三版《安全管理手册》Doc9859文件中将危险的概念引入到航空安全管理领域，危险是可能引起或导致航空器或航空安全相关设备、产品和服务不安全运作的状态。

人与技术积极并紧密地互动，以通过提供服务来完成生产目标的系统，就是社会技术系统。所有的航空组织都是社会技术系统。危险是社会技术系统的正常组成部分或因素。它们对社会技术生产服务的环境来说是必不可少的。从它们本身来说，危险并不是"坏的东西"，危险并不一定会对系统造成损失。只有当危险与系统的运行相遇的时候，它们的破坏潜力才可能成为一个安全顾虑。

危险和安全风险之间的区别有时会造成认识上的困难和混淆。为了使安全管理实践变得有效，必须了解什么是危险，什么又是安全风险。为了讨论危险，并了解危险和安全风险之间的不同，我们将危险的概念分为两个组成部分：危险本身及其结果。了解这两个组成部分之间的区别，对安全管理实践是极用重要的。

用风来举例。风是自然环境的一个自然组成部分。风是一个危险：它是一个可能造成人员伤亡、设备毁损、材料损失或者执行能力的减弱的条件。15 m/s 的风在航空运行中并不一定会造成破坏。事实上，如果在起飞时跑道上有 15 m/s 正面吹来的风的话，可以使航空器更顺利地起飞。但是，当 15 m/s 的风从跑道 90° 的方向吹来时，它就成为侧风。只有到这时，当危险与系统操作（起飞或降落）相遇，以提供服务（将乘客或货物从一个机场运到另一个机场），它就可能变成安全顾虑（由于驾驶员无法在侧风中控制航空器，导致了偏离轨道）。这个例子说明了：危险不一定会是"坏的东西"或是负面的因素。危险是运行环境中的必要组成部分，它们的后果是可以被确定的，其破坏潜力可以通过各种措施来遏制。

后果是一个能够由危险触发的结果。危险的破坏潜力通过一个或多个后果被物质化。在上面提到的侧风的例子里，危险"侧风"的一个结果就是"对侧翼的失控"。另一个更为严重的后果可能是"偏离跑道"。当然，还可能有"降落齿轮受损"这样更为严重的后果。因此，在危险分析时将所有而不是最为明显或最直接的后果全部描述出来，是非常重要的。

关于危险的后果，必须记住两点。首先，危险存在于当下。大多数情况下，它们属于系统环境的一部分，因此在操作人员"开始工作"时就已经存在于工作场所。作为运行环境或工作场所的组成部分，大部分危险都是而且应该是可以通过查找识别来觉察的。而后果，则是属于未来的。它们直到危险与系统操作相遇时才会实质化。在这种相遇中，危险有可能释放其破坏潜力，而后果就是这种相遇的结果。这就提示了安全管理的一个必要主旨：缓解措施应该积极控制危险的破坏潜力，而不是等待危险结果发生以后才被动地来处理。

其次，为便于安全管理，危险的后果应该用操作术语进行描述。许多危险可能会造成非常极端的后果：人员死亡。大部分危险可能带来财产损失、生态破坏和其他高等级后果。但是如果用这些表现极端状况的词语来描述危险的结果，对于设计缓解措施就会变得很难，除非取消操作。为了设计缓解措施，处理那些非极端、低层次的危险（如侧风）的运行后果，这种后果必须用操作术语来描述（偏离跑道），而非极端词汇（人员死亡）。

将安全视为安全风险控制后的一种状况，对危险后果的描述是对其进行安全风险评估的一部分。对危险后果所带来的安全风险的评估使一个组织能够得知它是否能控制安全风险，因此是否能继续运行。如果危险（侧风）的后果用极端的词汇（人员死亡）而不是专业术语（跑道偏离）来描述，安全风险评估很大程度上来说是空洞的，因为这样很难控制安全风险，最可能的缓解措施就是取消运行。

1.1.3 风险的概念

由于安全是以风险来界定的，所以在考虑安全时必然会涉及风险这一概念。

风险（Risk）的定义：不确定性对目标的影响。风险是危险发生概率和严重性的表征。可用下式表达：

$$风险 = 意外概率 \times 后果$$

没有绝对安全的事情。在对一个系统是否安全进行任何评估之前，必须先为该系统确定可接受的风险水平。

风险通常被表述为可能性，然而风险的概念绝不仅限于可能性。我们不妨用一个假定实例来说明这一点：假设根据评估，承载 100 人的缆车的支撑缆绳失效，使得缆车下滑的可能性与承载 12 人的电梯失效使得电梯下滑的可能性相同。虽然事件发生的可能性相同，但是缆车事故的潜在后果要严重得多。因此，风险包括两个方面，即危险发生的可能性与潜在后果的严重性。评估与某一特定危险有关的特定风险的可接受性时要充分考虑这两个方面。

可根据如下三大类对风险进行判别：

（1）不可接受的高风险；

（2）可接受的低风险；

（3）介于以上两类之间的风险，考虑时必须权衡风险与效益。

如果风险不符合预先确定的可接受标准，必须通过使用适当的风险缓解程序，尝试将该风险降低至可接受水平。如果风险不能降低至可接受水平或可接受水平之下，在下列情况下，该风险可能会被认为是可以容忍的：

（1）风险低于预先确定的不可接受极限；

（2）风险已经被降低至切实可能低的水平；

（3）拟使用的系统或变更所带来的效益足以证明接受该风险合乎情理。

注：风险必须同时满足上述三个标准才能被列为是可以容忍的。

即使风险被列为是可接受的（可容忍的），如果找出了可以进一步降低该风险的措施，并且这些措施不需要太多努力或资源即可实施，那么就应该实施这些措施。

ALARP（As Low As Reasonably Practicable）这一缩写被用于表示风险已经被降低至切实可能低的水平。本文中，在确定何为"切实可能"时，既要考虑进一步缓解风险的技术可行性，也要考虑其成本。这可能包括进行成本效益研究。

表明某系统中的风险为 ALARP，意味着任何进一步降低风险的措施或者不可行，或者得不偿失。然而，应该切记，当个人或社会"接受"了某个风险时，这并不意味着这种风险已经被排除，一定程度的风险依然存在；但是个人或者社会已认定，残余风险足够低，接受这种风险得大于失。

图 1.1 以图形方式用风险容忍度（TOR）三角形描述了这些概念，图中用三角形的宽度来表示风险程度。有关风险管理的详细内容见第 6 章。

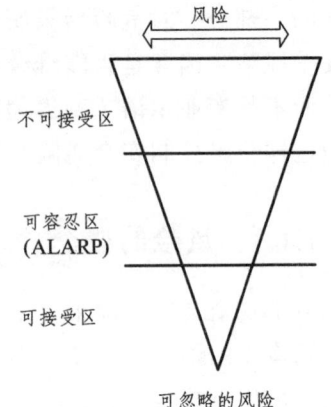

图 1.1　风险容忍度（TOR）三角形

1.1.4　安全管理的概念

安全管理（Safety Management）是管理科学的一个重要分支，它是为实现安全目标而进行的有关决策、计划、组织和控制等方面的活动，主要运用现代安全管理原理、方法和手段，分析和研究各种不安全因素，从技术上、组织上和管理上采取有力的措施，解决和消除各种不安全因素，防止事故的发生。

简言之，安全管理是组织为达到预期水平的安全指标而采取的系统地管理组织运行风险的行为。具体来说，安全管理是管理者对安全生产运行工作进行的计划、组织、指挥、协调和控制的一系列活动和措施，以保证运行生产的安全和职工在生产过程中的安全与健康，保护国家和集体的财产不受损失。

安全管理强调用系统的方法进行危险识别与风险管理，从而使人员伤亡、财产损失、财政、环境和社会损失最小化。

1.2　国内外民航安全管理发展阶段

1.2.1　国际民航安全管理的发展阶段

国际民用航空安全管理的发展大致经过了三个阶段，如图 1.2 所示。

1．机械时代（20 世纪 80 年代以前）

这个阶段的安全管理的主要特点是完善规章和提高设备可靠性，随着规章的完善和设备可靠性的提高，事故率显著下降。

2．人为因素时代（20 世纪 80 年代—20 世纪末）

在这个阶段，安全管理进入了"人为因素"时代。人们发现，80% 以上的事故都是由于人为因素造成的，由此开展了大量的人为因素研究，并形成了很多管理方法，如"驾驶舱资源管理"等。

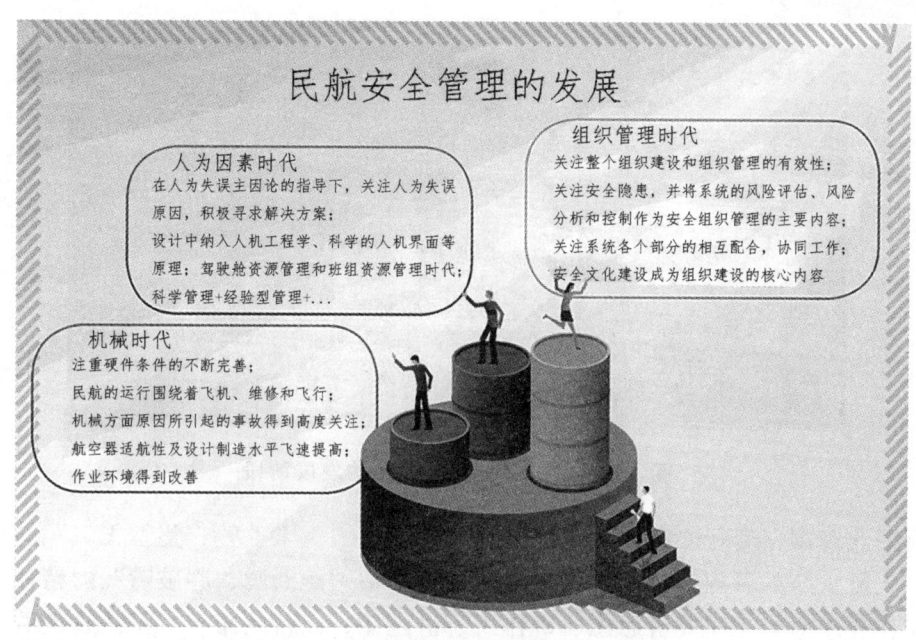

图 1.2 国际民航安全管理的发展阶段

3．组织管理时代（20世纪末至今）

在本阶段，安全管理进入组织管理的安全管理体系（SMS）时代。在进行了大量的人为因素研究后，人们发现，人为因素的研究逐渐走进了死胡同。首先，激发事故的差错大部分都是由经过培训并且合格的人员造成的；其次，激发事故发生的差错或违规好像是随机发生的，并没有固定的模式。人们从而逐步认识到，人为因素只是事故调查和预防的着手点而非终止点。

以上只是西方发达国家民航安全的发展状况，他们早已基本解决了规章完善、设备可靠性和人员遵守规章自觉性的问题。而我们国家总体的安全管理水平应该还处在第二阶段，规章还需要完善，人员违规的问题也还比较突出，所以还需要在加强基础管理上狠下工夫。下面介绍我国民航安全管理的发展阶段。

1.2.2 我国民航安全管理的发展阶段

我国民航安全管理发展历程可分为以下四个阶段：摸索管理、经验管理、规章管理、体系管理，其中文化管理还未到来，如图 1.3 所示。

1．摸索管理阶段（中华人民共和国成立—20世纪70年代中后期）

新中国成立后，百业待兴。民航基础差、底子薄，各项工作都是"摸着石头过河"，安全管理工作也是如此。民用航空作为新兴的公共交通运输行业，保障其运行的技术并未得到充分发展，技术故障仍是反复出现安全事故的因素，安全管理工作的侧重点就放在了调查及技术因素的改进上，此时的民航仍属于高风险行业。

图 1.3 我国民航安全管理的发展阶段

全行业摸索一套行之有效的管理方法，提出了"飞飞整整，整整飞飞"的理念，强调"人盯人"的管理模式，要求领导层具有不怕"跑断腿，磨破嘴"的精神。安全管理工作要求对待工作要讲思想、讲作风、讲纪律，以行政命令、军队管理的方式来开展安全管理工作。这个阶段，实践是第一位的，"干中学，学中干"，主要注意总结安全管理经验。

2．经验管理阶段（20世纪70年代中后期—20世纪90年代中期）

1978年12月，党的十一届三中全会召开，我国进入了改革开放和社会主义现代化建设的新时期。民航进行体制改革，军企分开，归国务院直接领导，我国民航业随之进入了新的发展阶段。由于航空技术水平的提高，使得机械的可靠性远远大于人操作的可靠性。

这个阶段，安全管理依然没有摆脱行政管理的影子，尤其是强调整顿的作用，在抓安全管理方面，习惯于"运动"式、"整顿"式、"阶段"式的方式，局限于搞"安全月"之类的活动，或提出"奋战××天，实现安全年"之类的口号。民航总结出了一些颇具影响的安全工作经验，有些经验的基本精神、基本原则至今仍具有生命力，譬如"八该一反对""三不放过"（1975年）发展成"四不放过"。

3．规章管理阶段（20世纪90年代中期—21世纪00年代中期）

1995年10月30日，第八届全国人民代表大会第十六次会议通过《中华人民共和国民用航空法》，标志着民航安全工作进入了规章管理阶段。

这一阶段的安全工作管理特点有：

一是安全立法步伐加快，法律法规体系不断健全，以《安全生产法》和《民用航空法》为基础，借鉴国外民航发达国家经验，结合我国民航发展实际，民航局相继出台了一系列规章、标准以及规范性文件，建立起比较完备的民航安全生产法律法规体系，民航各企事业单位也逐步细化相关规章制度，完善运行手册。

二是政企分开以来，企事业单位作为安全管理的主体地位清晰，企事业单位领导集中精力关注安全工作，完善安全制度，加大安全投入，加强安全培训，严明安全奖惩，安全管理工作进一步到位。

三是政府监管部门强化依法行政意识，落实安全监管责任，改进安全监管手段，加大安全监管力度，行业安全监管能力和水平持续提高。

四是各单位开展了大量的人为因素研究，安全管理水平进一步提高。

4．体系管理阶段（21世纪00年代中期至今）

随着Reason模型在民航系统范围的广泛应用，以及对重大事故的调查，发现这些事故是由多个因素组合而发生的，事故根源可追溯到组织缺陷上，而不是局限于运行人员。航空安全管理开始侧重于组织管理对航空事故的影响，强调组织在安全管理中的角色和作用。关注安全风险，并将系统的风险评估、风险分析和控制作为安全组织管理的主要工作内容；关注如何使系统各个部分互相配合工作以免事故的发生；关注建立积极的安全文化。

1.3 安全管理的责任

1.3.1 安全管理的四大责任

安全管理的责任可以分为如下四个基础领域：

（1）制定安全相关的政策和程序。政策和程序是反映高级领导层决定如何运行系统的命令。政策和程序的明确能够为运行人员提供清晰的运行指导，运行人员可按此进行符合组织要求的日常操作。

（2）为安全管理活动配置资源。安全管理要求。资源的配置是管理的职能之一。管理层是具有权力的部门，因此有责任为安全管理配置资源，以消除影响到组织能力的由危险源引起的安全风险。

（3）采用最完善的行业实践。航空业保持安全卓越性的传统持续发展了健全的安全实践。航空业还有一个传统，那就是通过正式和非正式的两种渠道来交换安全信息。这两种积极的传统必须得以加强，并推行最佳行业实践。

（4）整合民航安全相关的规章制度。有一种误解，认为安全管理会使现行的法规框架变得多余或不必要。对这种误解必须加以严厉批判。规章制度是安全管理的基石。事实上，合理的安全管理只能从合理的规章制度中发展出来。

1.3.2 对安全管理负有责任的各当事方

安全和有效安全管理的责任由各种组织机构分担，其中包括国际组织、国家民航管理当局、所有者和经营人、空中航行服务提供者、机场、航空器和动力装置主要制造商、维修组织、行业和专业协会、航空教育和培训机构。此外,提供航空支持性服务的第三方(包括合同服务)同样承担安全管理的责任。总的来说,这些职责具体如下:

(1)确定安全相关政策与标准;
(2)分配维持风险管理活动所需的资源;
(3)查明和评估安全风险;
(4)采取措施排除危险或把风险的相关水平减少到既定的可接受水平;
(5)将技术进步纳入设备设计和维护;
(6)进行安全监督及安全方案评估;
(7)调查事故和严重事故征候;
(8)采取最合适的、最好的行业做法;
(9)促进航空安全(包括交换与安全有关的信息);
(10)更新民航安全管理规章。

1. 国际民航组织

从管理角度看,国际民航组织的作用是为国际航空器运行的安全管理提供程序和指导以及促进航空运输的规划与发展。这一宗旨主要是通过制定标准和建议措施来实现的,标准和建议措施载于《芝加哥公约》附件中,反映了各国最好的运行经验。空中航行服务程序(PANS)包含标准和建议措施范围以外的一些做法,为了安全和效率,这些做法需要一定程度的国际统一。空中航行规划详述了国际民航组织各地区特定设备和服务的要求。实质上,这些文件确定了促进航空安全及效率的国际框架。

除了这些监管框架以外,国际民航组织还通过推广最好的安全做法,为安全管理做出贡献。

2. 国　家

国家肩负着建立有利于安全和高效的飞行环境的重要职责。签署《芝加哥公约》的国家,不管其可能采用何种风险管理方法,均有义务执行国际民航组织的标准和建议措施。为此,各国必须:

(1)为管理国家的航空系统提供必要的法律及管理规定。需要为有效安全管理提供法律框架的一些领域列述如下:

① 航空法确定国家的商业航空和私人航空的目标。一般来说,这种法规包括国家的航空安全观,并描述实现这些目标的主要责任、问责办法和权力;
② 制造和贸易方面的法律用于规范安全的航空设备和服务的生产和销售;
③ 劳动法(包括职业安全和健康法)用于为航空员工安全履行其职责所应具备的工作环境确定规则;
④ 保安法用于促进工作场所的安全,例如管理谁能进入运行区,以及在什么样的条件下可进入运行区,还可保护安全信息源;

⑤ 影响机场和导航辅助设备选址的环境法可对飞行运行（例如降低噪声程序）产生影响。

（2）建立拥有确保规章得到遵守的必要权力的通常称为民用航空管理局的适当的国家机构。这一职责包括：

① 确立必要的法定权威机构或代表机构来管理规范航空业；
② 确保配备足够的合格技术官员；
③ 保持有效的安全监督系统以评估管理要求贯彻执行的情况；
④ 建立适当的安全监督机制，以确保经营人和服务提供者在其运营中维持可接受的安全水平。

安全高效的航空需要重要的基础设施和航空服务，包括机场、导航设备、空中交通管理、气象服务和飞行信息服务。一些国家拥有并运营自己的航行服务部门和主要机场；还有一些国家拥有并运营自己的国家航空公司。然而，许多国家将这些运营业务公司化，在国家的监督下运营。不管采取什么方法，国家都必须确保维持支持航空业的基础设施和服务，以满足国际义务和国家的需要。

当管理职能和提供特殊服务均由一个国家机构（如民航管理局）直接控制时，这两种职能（即服务提供者和管理者）之间必须保持明确的界线。

最后，各国均有责任在国际航空界中做一名"好成员"。各国要做到这一点的最好办法是确保遵守《芝加哥公约》和国际民航组织的标准和建议措施。当一个国家无法使其国家法律、规章与标准、建议措施相一致时，该国就必须申报"差异"。国际民航组织公布这些差异以便其他国家了解这些与国际上商定的标准的差异。国际民航组织的普遍安全监督审计计划用于确定各国是否遵守对安全至关重要的标准和建议措施。

3．民用航空管理局

已经制定了适当的航空法规的国家必须建立民航局以制定国家据以实施其安全方案的规则、规章和程序。基本上，民航管理局对遵守国家航空安全的法律和规章以及实现国家的安全目标进行必要的监督。

4．制造商

每一代新设备都在最新技术发展水平和运行经验的基础上对原有设备做了改进。制造商生产符合适航及其他国内和国际标准并满足购买者经济和性能需要的设备。

制造商还编制支持其产品的手册和其他文件。在一些国家，这可能是为特定型号的航空器运营或设备部件操作使用的唯一指导材料。因此，由制造商提供的文件的标准是很重要的。此外，通过提供产品支持、培训等，制造商还可提供特定设备部件的安全记录或部件的使用记录。

另外，大型航空器制造商设有积极的安全部门，其职责包括：监视航空器在使用中的运行情况，为制造过程提供反馈并向其客户航空公司传播安全信息。

5．航空器经营人

大型航空公司通常采用许多安全管理活动。这些活动通常由安全办公室执行，安全办公室监控公司的总体运行情况，并就排除或避免已识别出的危险或把相关风险降到可接受水平需要采取的行动向公司管理层提出独立的建议。

6．服务提供者

安全和高效的飞行取决于有效提供各种独立于航空器经营人的服务，例如：

① 空中交通管理；
② 机场运营，包括机场应急服务；
③ 机场保安；
④ 导航和通信设备。

从传统上看，这些服务一直是由国家通过民航或军航当局来提供的。然而，一些国家的民航当局发现，在既作为管理者又作为服务提供者的这种国家的双重角色中存在潜在的利益冲突。此外，一些国家相信将许多此种服务下放，特别是将空中交通服务和机场运营公司化（或私有化）可以提高运营效率并具有经济意义。因此，越来越多的国家下放了许多提供此种服务的权利。

不管是航空服务的所有者还是管理机构，责任经理均应在其专门技术领域内建立并实施安全管理体系。

7．第三方承包商

在诸如加油、配餐和航空器地面服务、航空器保养和大修、跑道和滑行道的建造和维修、机组人员培训、飞行计划、飞行签派和飞行跟踪等领域提供支持飞行运行的服务往往涉及私人承包商。

不管是大公司承包商还是小企业的企业主，签约部门（如一航空公司、机场经营人或空中航行服务提供者）均负有管理承包商承担的安全风险的全部责任。合同必须规定应达到的安全标准。因此，签约部门有责任确保承包商遵守合同中规定的安全标准。

安全管理体系必须确保一组织的安全水平不因外部组织所提供的投入和供应品而受到损害。

8．行业和专业协会

行业和专业协会在安全管理中同样起到重要作用。

为提高商业利益，通常组成国际、国家和地区利益相关者协会，然而，利益相关者越来越认识到航空安全和盈利率之间的紧密联系。利益相关者认识到一航空公司发生的事故可损害他们自身的商业利益。因此，航空公司协会积极地关注着行业在技术、程序和做法等方面的发展。协会的成员在安全危险识别和减少或排除这些缺陷的行动中进行合作。通过此种协会，目前许多航空公司会交流安全相关数据，以加强安全管理。

同样，代表不同专业群体（如飞行员、空中交通管制员、航空器维修工程师和客舱乘务员）利益的专业协会也积极地致力于安全管理。通过研究、分析和倡导宣传，这些群体为识别和减少安全风险提供各种专题的专业知识。

一些航空公司越来越多地与其他航空公司合作或结成联盟，通过代码共享协议拓展了其有效的航线结构。飞某一航段的航空公司不是乘客期望的那一家，这些安排可能带来安全问题。没有哪个航空公司愿意和不安全的合作伙伴联系在一起。为了保护自身的利益，联盟的合作伙伴相互之间进行安全审计——从而提高航空公司的安全水平。

通用航空界已经形成了一个国内和国际协会系统，以促进安全和航空界中自己的利益。商用航空部门也在积极构建安全管理体系和致力于解决其成员的安全问题。

1.3.3 全球合作

尽管上述组织中各个环节均有特定的安全管理任务和责任，但是航空的国际性质要求各个环节的努力联合成为统一的全球航空安全系统，这就需要在各个层次和水平上进行合作与协助。

全球合作在如下一些国际论坛上进行：

（1）企业协会（如国际航空运输协会、国际机场协会、美国航空运输协会和民用空中航行服务组织）；

（2）国家和国际航空协会（如全国商用航空协会、欧洲商业航空协会和国际商业航空委员会）；

（3）国家协会国际联合会（如航空公司驾驶员协会国际联合会和空中交通管制员协会国际联合会）；

（4）国际安全组织（如飞行安全基金会和国际航空安全调查员协会）；

（5）行业/政府团体（如商业航空安全小组和全球航空信息网）；

（6）大型制造商安全论坛。

这些组织可提供与会议和研讨"主题有关的专家"。例如，制造商可以向整个"用户"群体征求意见，而用户自己也可向制造商咨询，以更好地理解特定的运营情况。这样就可以有效地沟通和交换与安全相关的信息和知识。这种合作不仅注重安全，而且由于以下原因也具有很好的商业意义：

（1）航空运输业之间相互依存性强。重大的空难会影响到许多利益相关者。灾难将对整个行业的声誉造成影响，彼此关心对于行业的声望、诚信和公信度的损害，往往有助于超越对特殊利益的狭隘追求而采取集体行动；

（2）具有集体行动力量；

（3）市场全球化超出了国界和权力的范围。

全球合作提高安全管理效率和效益方面的例子包括：

（1）通过通用的设计标准、标准操作程序和术语等实现协调、一致和通用；
（2）安全相关信息全球共享；
（3）早期识别并化解全球系统危险；
（4）通过多方共同努力和专家资源共享等相互支持和加强。

1.4 本章小结

本章首先从安全、危险、风险以及安全管理等四个方面介绍了安全管理的有关概念，即安全管理是组织为达到预期水平的安全指标而采取的系统地管理组织运行风险的行为。之后从国际和国内两个方面入手，着重介绍了民航安全管理的发展阶段，其中国际民航安全管理包括机械时代、人为因素时代和组织管理时代这三个发展阶段，我国民航安全管理由摸索管理、经验管理、规章管理、体系管理这四个阶段组成。最后以安全管理的四大责任、这些责任的负责当事方以及全球合作收尾。

复习思考题

1. 你对安全概念的理解有哪些？
2. 简述安全管理的概念。
3. 简述国际国内民航安全管理的发展阶段。
4. 简述安全管理的四大责任。
5. 对安全管理负有责任的各当事方有哪些？
6. 全球合作在哪些国际论坛上进行？

第 2 章　航空安全管理基础理论

2.1　系统科学理论

系统科学是"三论"和"新三论"的总称，是现代自然科学、社会科学、思维科学发展综合的结果，是现代科学研究共同的一般方法论，也是航空安全管理基础的重要组成部分。根据安全管理三项基础规定，执行安全管理的有效组织工具需具有系统的科学理论。

所谓的"三论"，指系统论、信息论和控制论。

系统论的创始人是美籍奥地利生物学家贝塔朗菲。系统论要求把事物当做一个整体或系统来研究，并用数学模型区描述和确定系统的结构和行为。所谓系统，即由相互作用和相互依赖的若干组成部分结合而成的，具有特定功能的有机整体；而系统本身又是它所从属的一个更大系统的组成部分。贝塔朗菲旗帜鲜明地提出了系统观点、动态观点和等级观点。他指出复杂事物功能远大于某组成因果链中各环节的简单总和，认为一切生命都处于积极运动状态，有机体作为一个系统能够保持动态稳定是系统向环境充分开放，获得物质、信息、能量交换的结果。系统论强调整体与局部、局部与局部、系统本身与外部环境之间互为依存、相互影响和制约的关系，具有目的性、动态性、有序性三大基本特征。

信息论是由美国数学家香农创立的，它是用概率论和数理统计方法，从量的方面来研究系统的信息如何获取、加工、处理、传输和控制的一门科学。信息就是指消息中包含的新内容与新知识，是用来减少和消除人们对于事物认识的不确定性。信息是一切系统保持一定结构、实现其功能的基础。狭义信息论是研究在通讯系统中普遍存在着的信息传递的共同规律以及如何提高各信息传输系统的有效性和可靠性的一门通讯理论。广义信息论被理解为使运用狭义信息论的观点来研究一切问题的理论。信息论认为，系统正是通过获取、传递、加工与处理信息而实现其有目的的运动的。信息论能够揭示人类认识活动产生飞跃的实质，有助于探索与研究人们的思维规律和推动与进化人们的思维活动。

控制论是著名数学家维纳（Wiener N）同他的合作者自觉地适应近代科学技术中不同门类互相渗透与相互融合的发展趋势而创造的。它摆脱了牛顿经典力学和拉普拉斯机械决定论的束缚，使用新的统计理论研究系统运动状态、行为方式和变化趋势的各种可能性。控制论是研究系统的状态、功能、行为方式及变动趋势，控制系统的稳定性，揭示不同系统的共同的控制规律，使系统按预定目标运行的技术科学。

系统科学理论的基本原理有：反馈原理、有序原理、整体原理。

环境变化所产生的干扰信息作用于受控部分，引起输出信息的改变，送到输入端时，成为反馈信息，如图2.1所示。

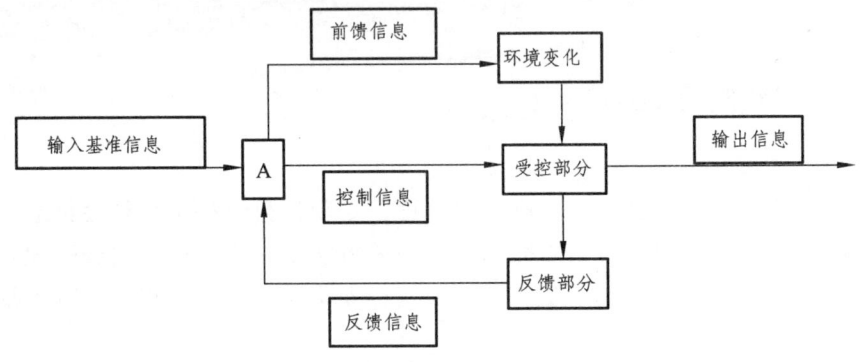

图 2.1 反馈原理

有序原理重视系统内各要素的合理组织，重视系统的有序程度，发挥系统可能的功能，如图2.2所示。

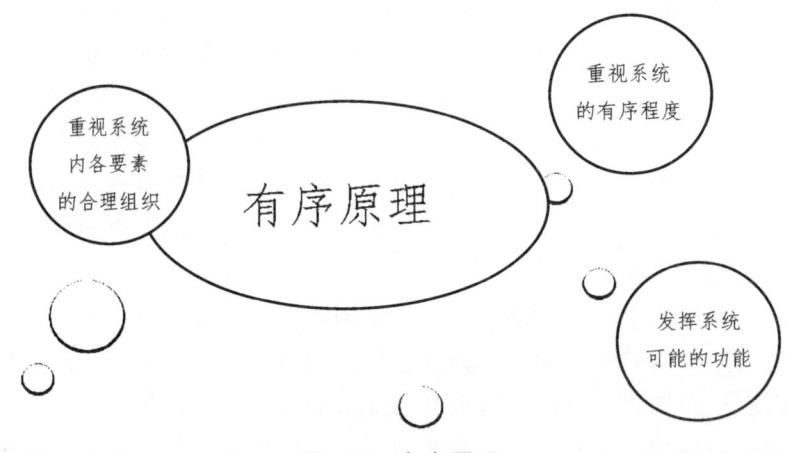

图 2.2 有序原理

整体原理要求人们在研究问题时，要牢固树立全局、整体的观念，不仅要注意发挥系统中各部分的功能，更重要的是注意发挥各部分相互联系形成结构的功能，也就是说，整体大于各孤立部分的总和。

所谓的"新三论"指的是耗散结构理论、协同论和突变理论。

耗散结构理论是比利时物理学家普利高津于1969年提出来的。一般说来，开放系统有三种可能的存在方式：（1）热力学平衡态；（2）近平衡态；（3）远离平衡态。耗散结构论者认为，系统只有在远离平衡的条件下，才有可能向着有秩序、有组织、多功能的方向进化，这就是普利高津提出的"非平衡是有序之源"的著名论断。在长期的研究工作中普利高津发现，当一个远离平衡态的开放系统由于许多复杂因素的影响而出现非对称的涨落现象，当达到非线性区时，在不断与外界进行物质和能量交换的条件下，系统将可能发生突变，由原来的无序混沌状态自发地转变为一种在时空或功能上的有序结构。事物的这种在非平衡状态下新的稳定有序结构就称为耗散结构。而耗散结构则是探索耗散结构微观机制的关于非平衡系统行为的理论。系统论所要寻求的也就是这种具有有序性的稳定结构，从这个意义上说，耗散结构与系统有异曲同工之妙。

协同论是 20 世纪 70 年代联邦德国著名物理学家赫尔曼·哈肯在 1973 年创立的。他认为自然界是由许多系统组织起来的统一体，这许多系统就称为小系统，这个统一体就是大系统。在某个大系统中的许多小系统既相互作用，又相互制约。它们是平衡的结构，而由旧的结构转变为新的结构则有一定的规律，研究本规律的科学就是协同论。协同理论是处理复杂系统的一种策略。协同论的目的是建立一种用统一的观点去处理复杂系统的概念和方法。协同论的重要贡献在于通过大量的类比和谨慎的分析，论证了各种自然系统和社会系统从无序到有序的演化，都是组成系统的各元素之间相互影响又协调一致的结果。它的重要价值在于为一个学科的成果推广到另一个学科提供了理论依据，也为人们已知领域进入未知领域提供了有效手段。

突变理论是比利时科学家托姆在 1972 年创立的。其研究重点是在拓扑学、奇点理论和稳定性数学理论上，通过描述系统在临界点上，来研究自然各种形态、结构和社会经济活动的连续性突然变化现象，并通过耗散结构论、协同论与系统联系起来，对系统的发展产生推动作用。突变理论通过探讨客观世界中不同层次上各类系统普遍存在着的突变式质变过程，揭示出系统突变式质变的一般方式，说明了突变在系统自组织演化的过程中的普遍意义，她突破了牛顿质点的简单性思维，揭示出物质世界客观的复杂性。突变理论中所蕴含的科学哲学思想，主要包含以下几个方面的内容：内部因素与外部因素的辩证统一；渐变与突变的辩证关系，确定性与随机性的内在联系；质量互变规律深化发展。

2.2 戴明环（PDCA）循环理论

PDCA 循环理论：最早由美国质量统计控制之父 Shewhat（休哈特）提出 PDS（Plan Do See），由美国质量管理专家戴明改进成为 PDCA 模式，所以又称为"戴明环"。

PDCA 的含义，即应用 PDCA 的四个阶段如下：

P（Plan）——计划：制订组织安全政策和方针，为运输生产建立必要的目标和流程；

D（Do）——执行：实施生产和服务过程；

C（Check）——检查：根据方针、目标和运输服务在安全方面的要求，对过程和服务进行监视和测量，并报告结果；

A（Act）——行动，对总结检查的结果进行处理，对成功的经验加以肯定并适当推广、标准化；对失败的教训加以总结，未解决的问题放到下一个 PDCA 循环里。

以上四个过程不是运行一次就结束，而是周而复始地进行，一个循环完了，解决一些问题，未解决的问题进入下一个循环，这样阶梯式上升的，如图 2.3 所示。所以，PDCA 循环实际上是有效进行任何一项工作的合乎逻辑的工作程序。在质量管理中，因此有人称其为质量管理的基该方法。

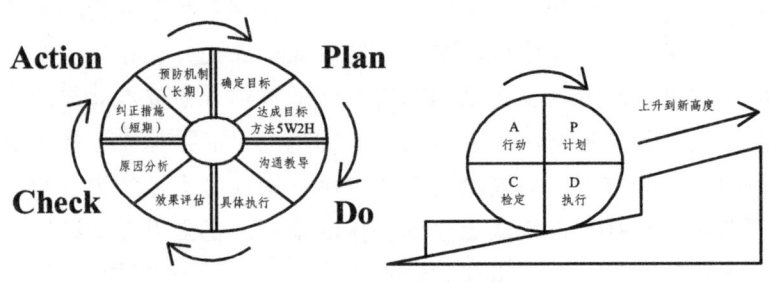

图 2.3　PDCA 的四个阶段及其循环

2.3　SHEL 模型

1972 年，Elwyn Edwards 教授提出了 SHEL 概念，它是由人为因素的基本元素——软件（Software）、硬件（Hardware）、环境（Environment）和生命件（Liveware）首位字母所组成。

Frank Hawkins 先生于 1975 年将之发展为用一个修改的带有相互配合界面的图形来形象地表达这个概念——SHEL 模型（见图 2.4）。采用简化的方法表示复杂系统，具体、形象地表现人的因素研究的范围、基本要素以及它们之间的相互关系。

SHEL 模型强调人的因素不是单独的研究某个要素，而是研究人与软件、人与硬件、人与环境和人与人之间的界面。界面间不匹配就可能成为人的差错根源（硬件与硬件、硬件与环境、软件与硬件之间的界面，不属于人的因素研究范畴）。

人与其他要素的界面不是简单平直的，因此，其他要素必须与其精心地匹配，以防止它们之间存在压力，甚至出现崩溃（事故）。

模型中心的生命件是人，这是系统中最关键、最灵活的元素。人的表现受多方面的影响，并且人具有许多限制，了解人的特征非常必要。

S=软件（程序、符号等）
H=硬件（机器）
E=环境
L=生命体（人）

在该模型中，积木（界面）间的匹配或不匹配与积木本身的特征同样重要。不匹配可能成为人为差错的根源。

图 2.4　SHEL 模型

生命件-硬件

这是人－机系统设计最为关注的界面。例如座椅应符合人体的特征，显示器应符合人的感知与信息处理特征，控制器能适当调节、编码和定位，飞机上的设备、附件应考虑可达性和可维修性。因为人具有适应与硬件间的不匹配的特性，所以，有的硬件缺陷可能被隐藏起来，设计者要特别注意这种潜在的缺陷。

生命件-软件

它包括人与系统的非物理方面，如规章、标准、程序、手册、检查单和工作单（卡）、符号、计算机应用程序等。生命件-软件问题是事故报告中的显著问题，但它们很难被发觉，因此也很难解决。

生命件-环境

人－环境界面是在飞行中最早被认识的界面之一。最初采取的方法旨在使人适应环境（头盔、飞行服、氧气面罩、抗负荷服）。后来趋向相反的过程，使环境适应人的需求（增压和空调系统、防噪声）。如今又出现了新的问题，在高飞行高度层上的臭氧与辐射问题，以及由高速的跨时区飞行夜间工作造成的生物节律紊乱和缺少睡眠等问题。由于错觉和迷航是许多航空事故的根本原因，生命件-环境界面必须考虑环境条件引起的认知差错，例如，在进近和着陆阶段的错觉。

生命件-生命件

即人与人之间的界面。按照传统做法，训练和熟练性测试是针对个人分别进行的，如果每一小组成员的技术熟练，则认为由这些成员组成的小组也是熟练和有效的。然而，事实并非如此。多年来，人们的注意力已逐步转向团队工作的好坏上。飞行机组、空中交通管制员、维修人员和其他运行人员作为团队工作，团队影响在决定行为和表现上起着重要作用。在该界面中，我们所关注的是领导能力、班组配合、团队工作和个性影响。员工与管理人员的关系也包含在此界面范围内，因为企业文化、企业风气和公司的工作压力会影响人的表现。

2.4 墨菲定律

1942 年，美国航空工程师墨菲（Murphy）根据研究提出的一条著名定律——墨菲定律，说明凡是有可能搞错的地方，一定会有人搞错，而且是以最坏的方式发生在最不利的时机。

其数学解释为：

在 n 重伯努利（Bernoulli）试验中，试验次数 n 趋向无穷大时，事件 A 一次也不发生的概率趋于零；事件 A 至少发生一次差错的概率趋于 1。

即一次差错也不发生是不可能的，至少发生一次差错是肯定的。

2.5 事故起因模型-REASON 模型

英国曼彻斯特大学的李森（Reason）教授于 1990 年提出了描述系统安全状况的层次模型，即著名的 Reason 模型，由该模型产生的理论也被人称作系统安全理论。该模型认为，事故的发生通常不是孤立事件的结果，而是多种系统缺陷凑到一起的结果。事故的发生是一系列事件处置不当，从而一环扣一环最终酿成的。国际上分析过 1982—1991 年全世界的空难，平均每个事故有 4.39 个原因链环，也就是说至少有 4.39 个预防方法，多的达 20 个。事故链理论说明要预防事故必须从那些影响航空安全的事件出发。

图 2.5 描绘了 REASON 模型，该模型可以帮助理解事故起因中组织与管理因素（即系统因素）之间的相互影响。航空系统中设置了各种"防护机制"来预防系统各个层次（即一线工作场所、监督层和高层管理者）的不当行为或者不当决策、这个模型表明组织因素（包括管理决策）虽然会产生导致事故发生的潜在状况，但同时也会有利于系统防护。

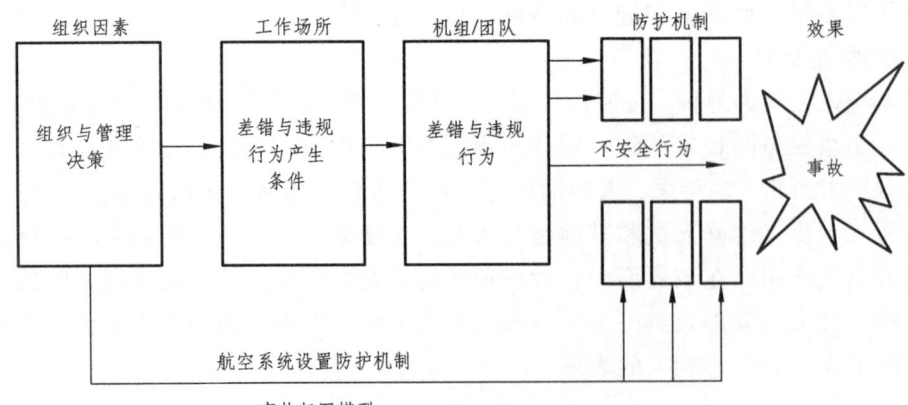

图 2.5 事故起因模型（REASON 模型）

2.6 海恩法则和事故的冰山理论

2.6.1 海因里希法则和海恩法则

海因里希法则（Heinrich's Law）又称"海因里希安全法则"或"海因里希事故法则"，是美国著名安全工程师海因里希（Herbert William Heinrich）提出的300：29：1法则。这个法则意思是说，当一个企业有300个隐患或违章，必然要发生29起轻伤或故障，在这29起轻伤事故或故障当中，有一起重伤、死亡或重大事故。"海因里希法则"是美国人海因里希通过分析工伤事故的发生概率，为保险公司的经营提出的法则。这一法则完全可以用于企业的安全管理上，即在一件重大的事故背后必有29件轻度的事故，还有300件潜在的隐患。可怕的是对潜在性事故毫无觉察或是麻木不仁，结果导致无法挽回的损失。

这个法则是1941年美国的海因里西从统计许多灾害得出的。当时，海因里希统计了55万件机械事故，其中死亡、重伤事故1666件，轻伤48334件，其余则为无伤害事故。从而得出一个重要结论，即在机械事故中，死亡、重伤、轻伤和无伤害事故的比例为1：29：300，国际上把这一法则叫事故法则。这个法则说明，在机械生产过程中，每发生330起意外事件，有300件未产生人员伤害，29件造成人员轻伤，1件导致重伤或死亡。

后来，日本的安全科学界把1：29：300称为海恩法则，如图2.6所示。其意义是在1起严重事故下，有29起事件（我们通常称为事故征候），且在其下还有300起失误。

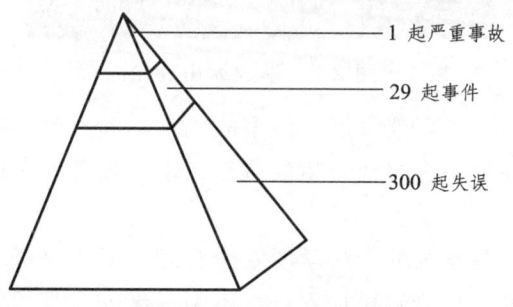

图2.6 海恩法则示意图

德国飞机涡轮机的发明者德国人帕布斯·海恩提出一个在航空界关于飞行安全的法则，后来也称为海恩法则，该法则指出：

每一起严重事故的背后，必然有29次轻微事故和300起未遂先兆以及1000起事故隐患。

该法则强调两点：

一是事故的发生是量的积累的结果；

二是再好的技术,再完美的规章,在实际操作层面,也无法取代人自身的素质和责任心。

2.6.2 事故控制理论"冰山原理"

"差错冰山"与海恩法则类似,这是航空系统统计分析后得出的。"差错冰山"告诉我们:重大事件和事故都有着相同的背景;露在表面的冰山是我们看到的一角,隐藏在海水下的巨大冰山实体,才是可怕的随时可能撞沉大船的暗礁。根据航空事件的统计分析,发生1起事故或严重事件,有40起是已报告过但并未引发事故的事件(空中停车、空中返航、改航、延误和取消等),还有600起是未报告的差错事件。

造成死亡事故与严重伤害、未遂事件、不安全行为形成一个像冰山一样的三角形,一个暴露出来的严重事故必定有成千上万的不安全行为掩藏其后,就像浮在水面的冰山只是冰山整体的一小部分,而冰山隐藏在水下看不见的部分,却庞大得多,如图2.7所示。

图 2.7 事故冰山理论

虽然当今社会科学技术高速发展,但事故仍然不断发生。由上面的图示我们可以得到这样一个结论:在每一个事故发生的背后,都隐藏着大量的风险和隐患,却没有引起我们足够的重视。

我们现在需要的就是系统的、科学的安全管理。我们这样才能把风险和隐患消灭在萌芽状态。使我们的工作能够更加安全,不断提高安全技术和水平。

2.7 DECIDE 模型

DECIDE 模型是由 Detect、Estimate、Choose、Identify、Do、Evaluate 六个单词的首字母组成的一种空中交通管理方法模型。

1．探测（D—Detect）

探测是指搜索飞行空中交通冲突、发现安全不正常情况。雷达管制依靠雷达、程序管制依靠进程单探测飞行空中交通冲突。空管人员可能出现的错误是"看错""听错"，错误判别飞机呼号、飞行高度、位置报告点以及其他情况报告。例如，将呼号相近的飞机的报告混淆、将雷达显示的地速看成高度，看错、填错进程单等。另外，空管人员由于个人因素的影响，如疲劳、注意力分散和转移不当等，也会导致对飞行空中交通冲突、安全不正常情况的警觉性降低，甚至视而不见。

2．估计（E—Estimate）

估计是指空管人员对发现到的空中交通冲突和安全不正常情况进行分析判断。空管人员要对探测到的飞行空中交通冲突、安全不正常情况的严重程度和发展趋势进行必要的估计。在这一过程中，空管人员会发生推理错误、计算错误和遗忘等问题。例如，在程序管制过程中将飞机的相遇点算错、受干扰后将探测到的空中交通冲突遗忘等严重影响安全的问题。

3．选择（C—Choose）

选择是指空管人员基于对发现到的飞行空中交通冲突和安全不正常情况的分析判断，寻找应对措施。空管人员根据对空中交通冲突和安全不正常情况的估计，结合自己的知识、经验和实际情况，收集若干应对措施。由于空中交通冲突和安全不正常情况出现的突然性和紧迫性，空管人员处理相关问题的时机、时间和精力有限，极可能出现应对措施缺陷。例如，在雷达管制条件下，空管人员习惯使用航向调配空中交通冲突。但由于军方活动等原因，可供机动飞行的范围经常受到限制。这时，利用高度差调配的效果可能要好于航向调配，而空管人员却往往因为狭视忘记了利用高度差调配这一有效方法。

4．鉴别（I—Identify）

鉴别是指空管人员在收集到的众多应对措施中，挑选其中的一个或几个措施准备付诸实施。在这一过程中，空管人员需要分析已有措施的特点，综合考虑当时的有关情况，确定哪些措施是需要采取的，同时确定采取这些措施的先后顺序。从理论上说，空管人员应当做出最符合当时情况的最合理取舍，而实际上空管人员却往往受到时间、经验和习惯等因素的制约，做出某些折中的选择或基于条件反射的简单取舍。这样的取舍，主观色彩很浓，甚至产生心理学所说的所谓"虚无假设"，当事者一旦陷入这种虚无假设便常常难以自觉地纠正，最终导致不能自拔的错误结果。

5．实施（D—Do）

实施是指空管人员将已经鉴别出的措施付诸行动。空管人员要将自己的决策通知有关机组和其他管制单位，需要把已经鉴别的措施转换为语言，以标准的陆空通话格式，区别轻重缓急、组织好语言表达并发送出去。与飞行员的操作不同，空管人员实现自己决策的途径是通过语言，而空—地通话却是最容易发生差错的环节。除去在传输、执行过程中的干扰、听错、曲解和延误等错误,空管人员自身的发话就可能出现说错(包括说错呼号、高度、方向等)、漏发、发话太快、发话不完整、发话顺序错误、发话逻辑错误和发话时机不当等错误。空中交通冲突和安全不正常情况的突发性和紧迫性决定了留给空管人员进行语言组织的时间非常有限,很多时候他们是边组织语言边发话,甚至还要思考其他事情,以至于出现了发话错误自己还浑然不知,人为因素所导致的工作差错在这一阶段更为突出。

6．评价(E—Evaluate)

评价是指空管人员对自己已经付诸实施的措施进行监控。空管人员一般通过"听"和"看"两个途径来对措施实施的效果做出评价。"听"就是倾听机组的复诵和报告,"看"就是通过雷达观察飞机动态。在这一阶段,空管人员最容易发生的错误是漏听和误判,也就是不注意倾听机组的复诵,不注意通过雷达监视飞机动态或对飞机动态判断失误。评价过程中的失误会对下一个"探测—估计—选择—鉴别—实施—评价"过程带来不良影响,甚至可能会人为地使原本并不严重的问题变得严重和紧迫。

从上面的分析可以看出,在"探测—估计—选择—鉴别—实施—评价"中,每一个环节都可能产生人为错误。空管人员在日常工作中,经常要同时处理几件事情,应付多个空中交通冲突,"探测—估计—选择—鉴别—实施—评价"过程不仅时间短促,而且交织在一起、相互影响干扰。在这样的复杂局面下,人为因素致错的可能性将更大。此外,由于技术方面的限制,在"探测—估计—选择—鉴别—实施—评价"过程中,空管人员极少获得类似提供给飞行员 FMS、TCAS、近地警告等来自系统的提醒与帮助,一旦雷达上出现间隔告警,特别是垂直间隔告警,可供采取措施的时间也已经非常有限。因此,空管人为因素已经是公认的、必须预先解决、直接涉及空管安全的关键问题。

2.8 质量管理的八项原则

随着全球竞争的不断加剧,质量管理越来越成为所有组织管理工作的重点,同时,安全管理也借鉴了很多质量管理的方法和原则。质量管理八项原则管理是在实践经验的基础上用高度概括的语言所表述的最基本/最通用的一般规律,可以指导一个组织在长期内通过关注顾客及其他相关方的需求和期望而改进其总体业绩的目的。它是质量文化的一个重要组成部分。质量管理的八项原则形成了ISO9000族质量管理体系标准的理论基础。

质量管理的八项原则为:

(1)以顾客为关注焦点。与所确定的顾客要求保持一致。了解顾客现有的和潜在的需求和期望。测定顾客的满意度并以此作为行动的准则。

(2)领导的作用。设立方针和可证实的目标,方针的展开,提供资源,建立以质量为中心的企业环境。明确组织的前景,指明方向,价值共享。设定具有挑战性的目标并加以实现。对员工进行训练、提供帮助并给予授权。

(3)全员参与。划分技能等级,对员工进行培训和资格评定。明确权限和职责。利用员工的知识和经验,通过培训使得他们能够参与决策和对过程的改进,让员工以实现组织的目标为己任。

(4)过程方法。建立、控制和保持文件化的过程。清楚地识别过程外部/内部的顾客和供方。着眼于过程中资源的使用,追求人员、设备、方法和材料的有效使用。

(5)管理的系统方法。建立并保持实用有效的文件化的质量体系。识别体系中的过程,理解各过程间的相互关系。将过程与组织的目标相联系。针对关键的目标测量其结果。

(6)持续改进。通过管理评审、内/外部审核以及纠正/预防措施,持续地改进质量体系的有效性。设定现实的和具有挑战性的改进目标,配备资源,向员工提供工具、机会并激励他们为持续地为改进过程做出贡献。

(7)基于事实的决策方法。以审核报告、纠正措施、不合格品、顾客投诉以及其他来源的实际数据和信息作为质量管理决策和行动的依据。把决策和行动建立在对数据和信息分析的基础之上,以期最大限度地提高生产率,降低消耗。通过采用适当的管理工具和技术,努力降低成本,改善业绩和市场份额。

(8)与供方互利的关系。适当地确定供方应满足的要求并将其文件化。对供方提供的产品和服务的情况进行评审和评价。与供方建立战略伙伴关系,确保其在早期参与确立合作开发以及改进产品、过程和体系的要求。相互信任、相互尊重,共同承诺让顾客满意并持续改进。

2.9 本章小结

本章主要通过引入系统科学理论、戴明环循环理论、墨菲定律、海恩法则和事故的冰山理论、质量管理的八项原则等相关理论以及 SHEL 模型、REASON 模型、DECIDE 模型三大模型来全面介绍航空安全管理的基础理论与方法。

复习思考题

1. 航空安全管理的基础理论与方法有哪些?
2. 所谓"三论",指的是哪三种理论?原理分别是什么?
3. PDCA 的含义是什么?简述其应用。
4. DECIDE 模型的含义是什么?
5. 简述事故起因模型的主要内容及应用。

第 3 章 国家安全方案（SSP）

2007 年起，国际民航组织（ICAO）陆续对《国际民用航空公约》附件 1、6、8、11、13、14 和 18 进行修订，要求各缔约国建立并实施国家安全方案（State Safety Program，简称 SSP）。2013 年 ICAO 发布的附件 19《安全管理》明确指出各国要制定和实施国家航空安全方案，以便民用航空安全绩效达到可接受水平，并确定 SSP 的四大框架及相关要素。中国作为第一类理事国，高度重视此项战略举措。为推动中国民航 SSP 建设，中国民航依据附件 19 的要求，以及 ICAO《安全管理手册》（DOC9859 第三版）的编写指南，充分考虑了中国民航实际情况，较为全面阐述了中国民航 SSP 四大框架（安全政策和目标、安全风险管理、安全保证、安全促进）及各个要素的现状和需要完善的内容，制定了《中国民航航空安全方案》。本章主要介绍了国家安全方案的概念、国家安全方案的框架及组成要素。

3.1 国家安全方案的概念

国家安全方案（State Safety Program）是旨在提高安全水平的一套完整的规章和活动，也是一个国家控制和管理安全的管理系统。国家安全方案的实施应与本国民航系统的规模和复杂程度相适应，同时，也要求国家负责航空职能的各部门协调工作。国家安全方案的目标是：

（1）确保国家建立有最低限度必要的监管框架；
（2）确保国家监管组织机构各自安全风险管理任务的协调；
（3）促进监测和量测国家航空业整体的安全绩效；
（4）协调和持续改善国家安全管理功能；
（5）支持服务提供者安全管理体系的有效实施与配合。

国家安全方案的长期目标是提高国家的航空安全；中期目标是在目前规章管理的基础上，将规章管理与绩效管理结合在一起。短期目标是国家有效落实安全责任和问责；国家有效审核安全责任和问责制的落实；规章基础上的绩效管理是国家安全方案的一个鲜明特点。

3.2 国家安全方案的框架

国际民航组织 DOC9859 文件中指出：国家安全方案的基本内容由四个组成部分构成，每个组成部分又细分为多个要素，共有 11 个要素，其中包括国家管理安全的过程和活动。这些要素集纳了各项规范及基于绩效的方法，支持服务提供者实施安全管理体系。国家安全方案框架（如图 3.1 所示）的 4 个组成部分和 11 个要素分别是：

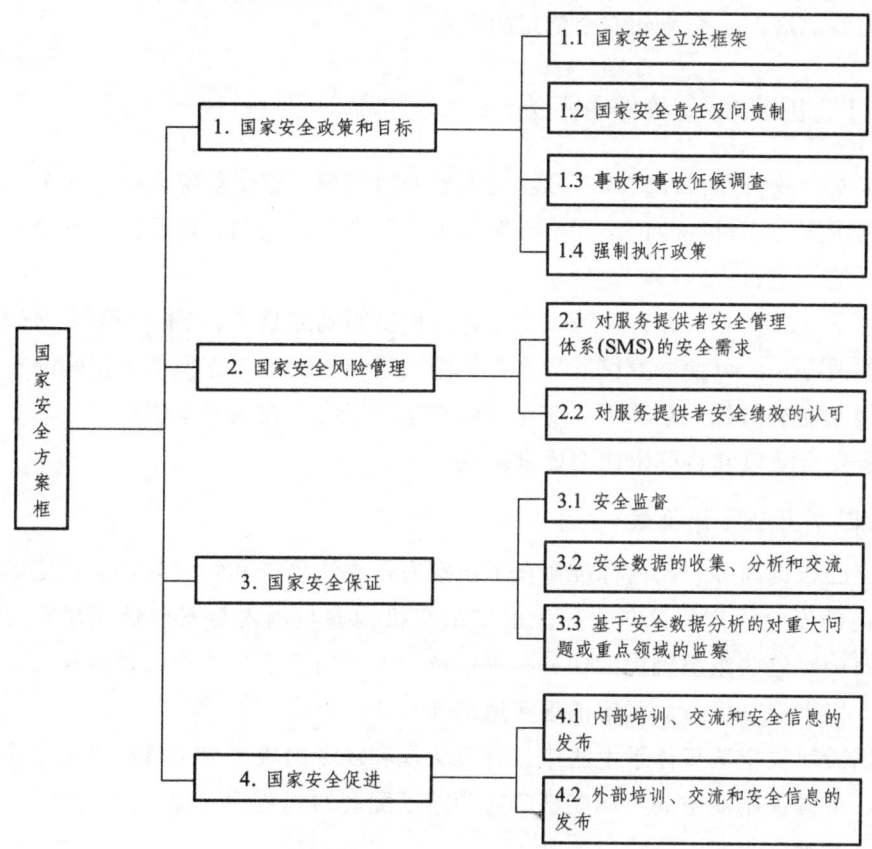

图 3.1 国家安全方案框架

1．国家安全政策和目标
（1）国家安全立法框架
（2）国家安全责任及问责制
（3）事故和事故征候调查
（4）强制执行政策

2．国家安全风险管理
（1）对服务提供者安全管理体系（SMS）的安全需求
（2）对服务提供者安全绩效的认可

3．国家安全保证

（1）安全监察

（2）安全数据的收集、分析和交流

（3）基于安全数据分析的对重大问题或重点领域的监察

4．国家安全促进

（1）内部培训、交流和安全信息的发布

（2）外部培训、交流和安全信息的发布

3.2.1　国家安全政策和目标

国家安全政策和目标组成部分规定国家如何管理其整个航空系统的安全。这包括确定不同国家组织机构与国家安全方案相关的职责与问责制，以及国家安全方案拟达到的广泛的安全目标。

国家安全政策与目标为管理和工作人员提供明确的政策、方向、程序、管理控制、文件和整改办法，以使国家民航局和其他国家组织机构的工作保持在正确的轨道上。这可使国家在越来越复杂和不断变化的航空运输系统中提供安全领导。

国家安全政策和目标由四个要素构成：

1．国家安全立法框架

国家已根据国际、国内标准颁布了国家安全立法框架和特定规章，规定国家如何进行国内的安全管理。这包含国家航空组织机构参与国内与安全管理相关的特定活动，以及确定这些组织机构的任务、责任及关系。对安全立法框架及特定规章进行定期审查，以确保其保持对国家的现实适用性。

中国民航安全法规体系由法律、行政法规和规章组成。为了落实安全法律、法规和规章，中国民用航空局各职能部门还颁布了配套的规范性文件。

（1）基础立法。

中国民航的基本法是自 1996 年 3 月 1 日起施行的《中华人民共和国民用航空法》（以下简称《民航法》）。根据《中华人民共和国立法法》第七条，全国人民代表大会常务委员会可对民航法进行修订。

（2）行政法规。

中国民航行政法规由国务院颁布。民航行政法规包括《中华人民共和国飞行基本规则》《中华人民共和国民用航空器适航管理条例》《中华人民共和国民用航空安全保卫条例》《中华人民共和国搜寻援救民用航空器规定》《民用机场管理条例》等。

（3）规章。

中国民用航空规章分为 15 编，具体见《中国民航航空安全方案》。

2．国家安全职责及问责制

国家已查明、确定和以文件形式记录了关于建立和维持国家安全方案的要求、职责和问责制。这包含以符合国家安全目标的方式规划、组织、制定、维持、控制和不断改进国家安全方案的指令，还包括关于为实施国家安全方案提供必需资源的明确声明。

中国民用航空局负责 SSP 的制定，审议安全管理政策、审批和发布 SSP 的实施计划，并为 SSP 的建立和实施提供必要的资源和支持。对于安全政策，由中国民航局制订并发布行业安全管理政策，确保其与民航安全活动相适应；另外中国民用航空局通过制订安全政策的评审机制和程序，对安全政策进行定期评审，适时修订和完善。对安全政策进行评审、修订的记录将保存在 SSP 记录系统中。

3．事故和事故征候调查

国家已建立一个独立的事故和事故征候调查程序，其唯一目标是预防事故和事故征候，而不是追究过失和责任。此种调查是支持国家的安全管理。在国家安全方案的运行过程中，国家保持事故和事故征候调查组织机构独立于其他国家航空组织机构。

2014年修订的《中华人民共和国安全生产法》明确了事故调查的原则，即"事故调查处理应当按照科学严谨、依据法规、实事求是、注重实效的原则，及时、准确地查清事故原因，查明事故性质和责任，总结事故教训，提出整改措施，并对事故责任者提出处理意见。"

《民用航空器事故和飞行事故征候调查规定》（CCAR-395-R1）规定了事故和事故征候调查应当遵循的基本原则。2015年中国民航局对民用航空器事故征候的评定标准进行了重新的修改并颁布。

4．强制执行政策

国家已颁布了强制执行政策，以营造条件和环境，使服务提供者可以自身在服务提供者的安全管理体系（SMS）内，令国家主管当局满意地处理和解决涉及某些安全偏差的事件；强制执行政策还可以创造通过执法程序处理安全偏差的条件和环境。

安全政策和目标用于阐述国家如何对其航空活动进行安全监管，中国民航的安全政策和目标包括：安全法规体系、中国民用航空局关于 SSP 的职责和责任、事故与事故征候调查以及执法政策等四个要素，是其他三个组成部分"安全风险管理""安全保证"和"安全促进"的有力保障。

3.2.2 国家安全风险管理

国家安全风险管理组成部分包括制定安全管理体系要求，以确保国家的每个服务提供者都实施必要的危险识别和风险管理控制。该要求部分包含同每个服务提供者就通过其安全管理体系拟达到的可接受的安全绩效水平达成一致的机制。国家安全风险管理由两个要素构成：

1. 对服务提供者安全管理体系的安全需求

国家建立了对服务提供者怎样进行危险识别和安全风险管理的控制，包含对服务提供者的安全管理体系的要求，具体运行规章和实施政策。定期对这些要求，具体运行规章和实施政策进行审核以确保其保持对服务提供者现实适用性。

2. 对服务提供者安全绩效的认可

国家已就服务提供者安全管理体系的安全绩效达成一致。对议定的个体服务提供者的安全管理体系的安全绩效定期审核以确保其保持对服务提供者的现实适用性。

航空安全风险管理是中国民用航空局控制安全风险、实现安全目标的重要手段，它通过对民航生产经营单位 SMS 提出要求和对民航生产经营单位 SMS 安全绩效认可两个方面来实现基于安全绩效的安全管理。中国民用航空局要求各民航生产经营单位建立 SMS，实施风险管理。中国民用航空局将根据行业安全水平、每个单位具体运行环境的复杂程度以及单位的具体情况，与每个单位就其 SMS 安全绩效达成一致。《中国民航航空安全方案》对民航生产经营单位 SMS 的要求、安全绩效认可进行了详细的规定。

3.2.3 国家安全保证

国家安全保证通过对服务提供者的监督活动及国家对服务提供者的控制管理过程的内部审核来完成。安全数据的重要作用及安全数据的收集、分析和共享问题也应加以解决。国家的监督方案活动应以数据为准绳，以便可根据最高风险及最大安全关切领域集中和优化使用其资源。国家安全保证由三个要素构成：

1. 安全监督

国家建立了确保有效监测 8 个安全监督职能的关键要素的机制。同时，国家也建立了确保服务提供者的危险识别和安全风险管理遵循既定的监管控制（包括要求、具体运行规章和实施政策）的机制。这些机制包含检查、审计和调查以确保监管安全风险控制适当纳入服务提供者的安全管理体系，确保其按照设计执行，确保监管控制对安全风险达到预期的效果。

2. 安全数据的收集、分析和交流

国家已建立了有关机制，以确保获取和储存包括关于个别或整体国家层面的危险和安全风险的数据。国家还建有机制，以开发储存数据中的信息，并酌情积极地与服务提供者或其他国家交流安全信息。

3. 基于安全数据分析的对重大问题或重点领域的监察

国家已经制定了有关程序，以优先对那些通过对有关危险、危险在运行中造成的后果和经评估的安全风险数据的分析确定的更大安全关切或需要，进行检查、审计和调查。

中国民用航空局通过安全监督、安全数据的收集、分析和交换，以及基于安全数据分析确定重点关注的监管领域等方式，保证有效地实现其安全监管职能。中国民用航空局实施安全监管，确保民航生产经营单位建立符合要求的SMS，有效识别和管理安全风险；通过建立有效的机制，不断加强安全监管职能。中国民用航空局制定安全信息管理政策、标准和制度，建立航空安全信息系统，收集、存储、分析和共享航空安全信息。通过信息综合分析和风险评估，查找安全隐患，确定对重大问题或重点领域进行监察、审计和调查的优先顺序。

3.2.4 国家安全促进

安全促进包括由国家建立内部及外部流程以提供或促进关于安全信息的安全培训、交流和传播。安全管理手册（SMM）第三版中指出国家安全促进由两个要素构成：

1．内部培训、交流和安全信息的发布

国家提供训练和促进安全相关信息的意识和双向交流，以支持在国家航空组织机构中营造促进切实有效实施国家安全方案的组织机构文化。

2．外部培训、交流和安全信息的发布

国家提供教育并促进培养安全风险意识和安全相关信息的双向沟通，以支持在服务提供者中营造促进切实有效实施安全管理体系的组织机构文化。

中国民航针对国家安全促进这一部分进行了诠释，安全促进是指中国民用航空局用于确保安全培训、安全信息交流和发布得以实施的各项举措。安全促进不仅在中国民用航空局及其所属的政府机构内部进行，还在其监管的民航生产经营单位之间实施，借以促进中国民用航空局和民航生产经营单位形成积极的安全文化氛围。中国民用航空局注重政府和民航生产经营单位的员工培训，采取多种措施加强内部及外部的安全信息交流。

3.3 国家安全方案的实施

一个国家的国家安全方案，必须与航空系统的规模和复杂性相称，这可能需要在多个负责各自部门的航空监管机构间进行协调。国家安全方案的实施并不改变国家航空组织机构各自的任务或它们之间正常的互动关系。相反，它可以增加各自国家行使共同的控制、管理职能和能力。多数国家已经具有满足某些国家安全方案要素预期的既定过程。任务是提高绩效和增加基于风险的要素，巩固和加强这些现有过程，以形成一体化的安全管理框架。国家安全方案的这一框架也可促进行业对安全管理体系的有效实施与监督。

3.3.1 监管体系描述

监管体系审查是国家安全方案实施规划过程的一部分。这种审查应包括:
(1) 从部级到各不同监管组织机构的现有航空监管框架的结构;
(2) 各监管组织机构的安全管理任务和责任;
(3) 不同监管组织机构的国家安全方案合作平台或机制;
(4) 国家级以及每一组织机构内部的安全/质量审查机制。

3.3.2 系统差异分析

在制定国家安全方案实施计划之前,需根据国际民航组织的国家安全方案的框架,对现有的国家结构及流程进行差距分析,以评估相应的国家安全方案要素的存在及成熟性。作为差距分析的结果确定为需要采取行动的要素或流程将构成国家安全方案实施计划的基础。

3.3.3 国家安全方案实施计划

与其他重大项目的实施工作一样,国家安全方案的实施也涉及在规定时间框架内应完成的许多任务和子任务。任务的数量以及每个任务的范围,取决于国家安全监督体系的现有成熟度。实施过程的目标是逐步加强国家现有安全管理和监督工作。对相应任务/子任务进行优先级排序,并以适当形式记录在案,以便逐步实施。国家安全方案的实施计划,与国家安全方案顶层(说明)文件一起,为国家实现逐步加强其安全管理和监督过程奠定基础。应使组织机构内的所有相关人员随时可以得到这两个关键文件,以促进他们对国家安全方案和与方案实施有关的进程的了解。

3.3.4 安全指标

可接受的安全水平、安全绩效指标、安全绩效目标和安全要求之间的关系如下:可接受的安全水平是首要的概念;安全绩效指标是用来确定是否已达到可接受的安全水平的计量标准/尺度;安全绩效目标是与可接受的安全水平相关的量化的目标;安全要求是实现安全目标的工具或手段。

安全指标和安全目标可能是不同的(例如,安全指标是对于航空公司经营人每100 000小时发生致命事故的次数为0.5次;而安全目标是对于航空公司的运营,致命事故率降低40%),也可能是相同的(例如,安全指标是对于航空公司经营人,每100 000小时发生致命事故的次数为0.5次;安全目标是对于航空公司经营人,每100 000小时发生致命事故的次数不多于0.5次)。

可接受安全水平(ALOS)是一套综合的安全目标体系,是国家航空安全目标的表现形式,是国家安全方案发挥作用的关键。首先,ALOS是国家安全方案的工作目标和衡量标准,在遵守规章的基础上衡量国家安全方案的有效性以及民航业的安全水平；其次，ALOS是国家安全方案以绩效为基础进行安全管理的方法和手段。可接受的安全绩效水平（ALOSP）概念是对安全监督传统做法的补充，安全监督传统做法主要关注于对基于绩效方法的规定性规章的遵守。基于绩效方法界定在国家安全方案的框架内的实际安全绩效水平。国家的可接受的安全水平应该与其安全政策和目标有关。

可接受安全水平（ALOS）的三个特点如下：

（1）可接受的（aaceptable）。在满足规章要求的基础上，民航当局对各类企业的核心业务活动提出的最低安全标准；

（2）可达到的（achieveable）。民航业在其能力和资源范围内可以实现的安全水平；

（3）动态的（dynamic）。要不断对可接受安全水平进行修正，以满足国家和行业对安全的要求。

因此，在确定ALOS时需要考虑的因素包括：实际的风险水平、成本/效益和公众对航空安全的要求。

ALOS由三部分组成：① 宏观安全目标，如事故率、严重事故征候率、民航法规的完备性等。② 微观安全目标，如某类典型不安全事件的发生率。③ SMS的安全绩效。

ALOS包括两类标准：安全绩效指标：用于表示一系统安全绩效水平的计量标准（或度量标准），如：① 每100 00次飞行起降发生的航空器事故次数；② 每10 000飞行小时发生的严重事故征候次数。安全绩效目标：所要求的安全绩效水平，如：① 对航空公司来说，每100 000小时致命事故低于0.2起；② 对机场来说，每1000架航空器遭鸟击的次数低于0.1次。

国家的可接受的安全水平标准视每个国家的航空系统的具体情况及安全监督体系的成熟度而有所不同。主要着眼点是实现与国际民航组织要求的一致性，并减少具有明显的严重后果事件的发生。着眼点将逐渐向国家涉及不断改善安全绩效的方面发展。一个给定的国家安全方案的可接受的安全水平一旦确定，它就是一种表示，显示国家认为这一水平在其自己的航空系统范围内是适当的。一个国家的可接受的安全水平也表示监督机构可接受的，监督机构管辖下的整个服务提供者可达到的最低限度安全目标。

关于安全指标，中国民航有以下四点说明：

中国民用航空局将确定与SSP有关的可接受的安全绩效水平。该可接受的安全绩效水平包括一套安全指标体系和安全目标体系，定期对其进行评审，以保证其与国内民航活动的复杂性相一致，并与行业可用资源以及公众对民航系统安全性的期望值相匹配。

中国民航的安全指标体系包含事故和事故征候指标、国家高层职能量化指标以及某些类型的不安全事件发生率等指标。事故率指标可包括：运输航空、通用航空和航空器地面事故率；人员伤亡损失指标可包括：亿客公里死亡率和每亿机载人次的死亡率；事故征候率指标可包括：运输航空事故征候率、运输航空严重事故征候率和通用航空事故征候率；监管职能量化指标可包括：规章标准的完备性、监察人员配置和监管力度等。某些类型的不安全事件发生率指标可包括：几近发生的可控飞行撞地发生率、跑道入侵发生率等。

目前，在安全指标体系中，事故率、人员伤亡损失和事故征候率三类指标可以量化，可将其目标值作为 SSP 建设初期的可接受的安全绩效水平。随着 SSP 不断发展成熟，通过 SSP 的安全保证将逐步提高安全数据收集和分析能力，可对安全监管职能指标进行细化和量化，增加低后果的安全运行类指标，确定目标值，并逐步修改完善。

中国民用航空局将安全目标逐级分解，各地区管理局及其派出机构根据其安全目标制订行动计划，开展辖区民航生产经营单位安全绩效管理工作。

中国民用航空局将定期在 SSP 年度报告中发布当年的安全指标值和下一年的安全目标值。

3.3.5　国家安全方案的实施—分阶段的做法

国家安全方案的实施可以通过搭建 SSP 框架的四个组成部分以及相关要素来实现。在一个现实的时间框架内，国家安全方案渐进或分阶段的实施有效管理相关的工作量及期望。

国家安全方案的实施可以分为四个阶段。而在实施四个阶段过程中，对国家安全方案的 11 个要素的次序进行了调整。四个阶段的描述和其包含的要素见表 3.1。

表 3.1　国家安全方案实施的四阶段示例

阶段 1（12 个月）	阶段 2（12 个月）	阶段 3（24 个月）	阶段 4（24 个月）
1. 国家安全方案要素 1.2 （1）确定国家安全方案实施代表组织机构和责任经理； （2）建立国家安全方案实施团队； （3）进行国家安全方案的差距分析； （4）制定国家安全方案实施计划； （5）建立国家安全方案协调机制； （6）编制必要的国家安全方案文件，包括国家的国家安全方案框架、其组成部分和要素。	1. 国家安全方案要素 1.1： 建立一个国家的安全立法体系。 2. 国家安全方案要素 1.2： （1）判明、界定和记录安全管理的职责和问责权限； （2）界定和记录国家安全政策和目标。 3. 国家安全方案要素 1.3： 建立事故和事故征候调查过程。 4. 国家安全方案要素 1.4：建立基本的强制执行（处罚）立法。 5. 国家安全方案要素 3.1： 促进对服务提供者的有效的国家安全监督和监视。 6. 国家安全方案要素 2.1： 促进和宣传对服务提供者的安全管理体系的教育。	1. 国家安全方案要素 1.4： 颁布包括下述内容的强制执行政策、法律： （1）促进服务提供者在安全管理体系下运作，从内部处理、解决安全和质量偏差问题的规定； （2）国家可干预安全偏差问题的条件和情况； （3）防止出于安全改进以外的目的使用或披露安全数据的规定； （4）保护从自愿、保密性报告系统获得的信息源的规定。 2. 国家安全方案要素 2.1：制定要求实施安全管理体系的统一的规章。 3. 国家安全方案要素 3.2： （1）建立安全数据收集和交流系统； （2）建立国家高危险后果安全绩效指标和目标、警戒等级。	1. 国家安全方案要素 2.2： 审查和商定服务提供者的安全绩效指标。 2. 国家安全方案要素 3.1：将服务提供者的安全管理体系和安全绩效指标纳入常规监督方案。 3. 国家安全方案要素 3.2： （1）实施自愿、保密性安全报告系统； （2）建立酌情具有目标、警戒等级监测的低危险后果的安全、质量指标； （3）促进与服务提供者和其他国家之间进行安全信息交流。 4. 国家安全方案要素 3.3：酌情根据安全风险或质量数据分析进行检查和审计轻重缓急安排。 5. 国家安全方案要素 3.1 建立包括国家安全方案在内的审查机制，以确保持续的有效性和改进。

注：表中的"1.1""1.2""1.3"等标号见图 3.1 中标号。

3.4 SSP 与安全管理体系（SMS）的关系

国际民航组织把安全方案和安全管理体系（SMS）区分如下：
> 安全方案是旨在提高安全水平的一整套规章和活动。
> 安全管理体系（SMS）是有组织的管理安全的方法，包括必要的组织结构、问责办法、政策和程序。

安全方案的范围很广，包括为实现方案目标而采取的众多安全活动。国家安全方案包含从航空器经营人以及提供空中交通服务（ATS）、机场和航空器维修服务的组织的角度讲实施安全运营的规章和要求。安全方案可能包括有关多种多样活动的规定，如事故征候报告、安全调查、安全审计和安全沟通。为了协调一致地实施安全活动，需要建立统一的安全管理体系。

安全绩效管理就是以可接受的安全水平（ALOS）为基础，通过安全指标和安全目标设定安全绩效管理体系，通过行动计划来实现这些目标，最后通过评估来衡量是否实现安全目标。将行业 SSP 安全目标 ALOS 分解为各企事业单位 SMS 的安全绩效目标，通过 SSP 监管各企事业单位 SMS 的安全绩效目标的实现，保证行业 SSP 安全目标 ALOS 的实现。SSP 与 SMS 的关系如图 3.2 所示。

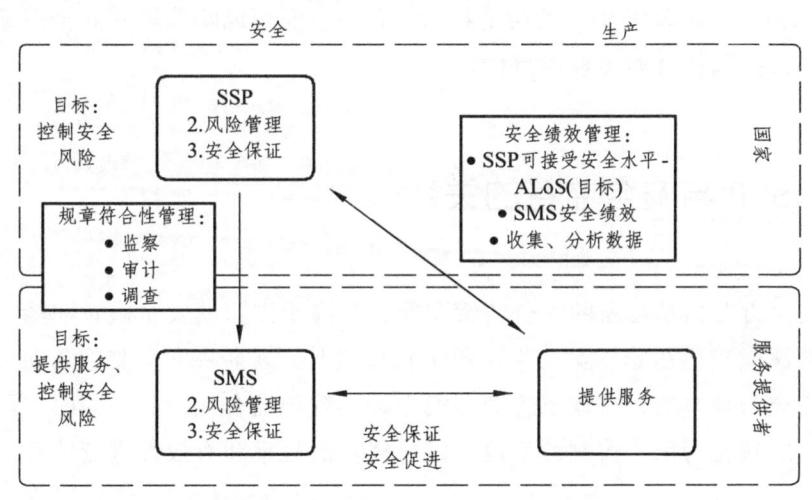

图 3.2 SSP 与 SMS 关系示意图

对 SSP 和 SMS 关系的准确理解是一个国家实行协调的安全管理的基础。对二者的关系最简单概括是：国家负责开发制定 SSP，服务提供者负责开发制定 SMS。有一点很重要：不能要求国家制定 SMS，也不能要求 SSP 发挥 SMS 的作用。然而，作为 SSP 规定的一部分，国家有义务批准服务提供者的 SMS，并对 SMS 的制定、实施及运行绩效进行监督。两者的区别在于：

1. 适用对象不同

SMS 是基于民航企业层面上的,是对航空承运人、机场、空管、油料、维修等民航单位提出的在安全管理方面的规范和要求,由各类民航单位负责组织和实施。

国家安全方案(SSP)是基于国家政府层面的,是保证国家总体航空安全的一套规章和行动,由国家负责组织和实施,可将国家安全方案理解为国家政府层面上的"SMS"。

2. 关注重点不同

SMS 是站在企业单位的角度上,主要关注本单位内的安全问题和安全水平,通过采取一系列的管理方法,来管理和提高本单位的安全水平。

国家安全方案站在国家的层面上,主要关注整个国家的航空安全水平以及在整个国家的航空运行中存在的一些突出问题,采取措施来保证和提高整个国家民航运行的总体安全水平。

SSP 被置于"保护和生产"制衡关系中"保护"的一方。SSP 的目标是通过国家层面的安全风险控制措施确保公共安全。SSP 没有生产目标。尽管国家航空部门也会考虑效益问题,但它们并不提供任何营利性的产品或服务。一个国家通过 SSP 要实现的基本目标是:最大限度地确保服务提供者提供服务过程中的公共安全。国家通过定义 SSP 的 ALOS,并运用 SSP 的两个执行部门——安全风险管理和安全保障对国内的安全风险进行控制,就能实现该目标。

3.5 SSP 与安全监管的关系

国家安全方案包括国家的安全监管职能,又高于国家的安全监管职能。国家安全方案在强调民航当局在履行安全监管责任的基础上,逐渐将安全监管转向一种基于安全绩效的安全管理方法,将规章管理和安全绩效管理结合在一起。同时,国家安全方案将安全监管转化为风险控制的手段,以对规章的效率和有效性进行监督。

3.6 本章小结

国家安全方案是基于国家层面的,是以安全信息分析和安全绩效管理为基础的安全管理方法。国家安全方案在规章监管的前提下,以可接受安全水平为基础,更多的关注事故征候以下的不安全事件,从而避免和减少事故和事故征候的发生。

国家安全方案要与本国民航业的规模相适应，并且需要民航业内各相关部门的协调与合作，包括各业务司局、科研院所等。

复习思考题

1. 国家安全方案的定义是什么？
2. 国家安全方案的目标是什么？
3. 国家安全方案的框架是什么？
4. 国家安全方案的11个要素是什么？

第 4 章 安全管理体系（SMS）

4.1 安全管理体系背景及概念

4.1.1 国际背景

近百年来，安全始终是民航业的首要问题，全球空管界经过长期不懈的努力，在保证空中交通安全方面取得了令人瞩目的成就。但随着现代民航业以资本密集、技术密集和高风险为标志的高度规模化发展，现在和未来的空管安全问题，已不仅是一个单纯的空中交通管制技术问题，它已经成为一个更加系统性的安全管理问题。

2001 年 11 月，国际民航组织（以下简称 ICAO）在附件 11 中建议各国在空中交通服务单位中建立安全管理体系（Safety Management System，SMS），附件 11 2.26.1 款要求："国家必须制定安全方案，以便提供 ATS 时达到可以接受的安全水平"；2.26.2 款要求："应当达到的可以接受的安全水平必须由有关国家制定"；2.26.3 款要求："作为其安全方案的一部分，国家必须要求空中交通服务提供者执行国家接受的安全管理体系"。同年 3 月，ICAO 对附件 14 有关机场合格审定的条款作了重要修改，以"建议"的形式要求申请合格审定的机场从 2003 年 11 月 27 日起要提交有关 SMS 的文件，并于 2005 年 11 月 24 日后，机场都要运行一个合适的 SMS。2006 年，ICAO 正式颁布了第一版《ICAO SMM 安全管理手册》（DOC9859 AN/460），以此统一附件 6 的 Ⅰ、Ⅲ 部分、附件 11 和附件 14 第 Ⅰ 卷中与安全有关的规定，还要求各国对实施的 SMS 进行审计认证。至 2008 年，ICAO 附件 1、6（第 Ⅰ 部分、第 Ⅲ 部分）、8、11、13 和 14 中都要求：各国应建立国家安全纲要（SSP），以使航空运营达到可接受的安全水平。作为 SSP 的一部分，各国应要求培训机构、航空经营者、维修组织、航空器设计/制造者、空中交通服务提供者和验证合格的机场经营者实施国家认可的 SMS。

ICAO 理事会于 2004 年 12 月 17 日召开的第 173 届会议批准了《ICAO 2005 年至 2010 年的战略目标》，其中，安全为首要战略目标，并在安全战略目标中提出："支持各国在所有与安全相关的领域实施 SMS"，编写并颁布《ICAO SMM》就是其中一项。在此基础上，ICAO 制订了一项全面的后续计划来推动 SMS，协助各国协调一致地实施《ICAO SMM》中有关安全管理的规定。

ICAO 提出的各国应建立 SMS 的建议得到了许多国家的积极响应，许多国家民航当局相继发布了有关空管的 SMS 及其指导材料。例如：2000 年 7 月，欧洲航行安全组织（Eurocontrol）提出了"在空中交通服务中应用体系性安全管理"的要求（ESARR 3）；2002 年 9 月，英国民航当局（CAA）颁布了题为"空中交通管理的安全管理体系实施指导手册"（CAP 730）的文件，明确了英国民航当局对空中交通服务机构实施 SMS 的要求。2004 年 5 月，美国民航局（FAA）正式颁布了其针对空中交通服务的《安全管理手册》，并把 SMS 的设计、建立和实施作为未来发展航空安全的重要战略措施。此外，加拿大、新加坡等国家以及中国香港等地区都相继建立了自己的 SMS 规定并取得了较好的效果。

在各缔约国纷纷开始构建自己的 SMS 时，对于 SMS 的框架及构成始终没有一种统一认识，因此，2007 年 10 月，ICAO 对附件 6 再次进行了修订，修订提案明确指出安全管理体系（SMS）由 4 个部分、12 要素构成。相应的，ICAO 对 DOC 9859《安全管理手册》进行了改版，于 2009 年初颁布了第二版《ICAO SMM》(DOC 9859 AN/474)。第二版《安全管理手册》以 SMS 的 4 个部分为思路介绍了 SMS 的构成，并在此基础上给出了 SMS 实施的阶段性方法以及国家安全方案（SSP）的框架构成和实施思路。

随着 SMS 以及 SSP 等安全管理理念的引入，国际民航界提出了将各附件中有关安全管理的条款整合、完善后形成一个新的附件的要求。因此，2011 年 9 月，ICAO 成立专家组；2012 年 4 月，专家组提交附件 19 草案；2013 年 1 月，航委会审议提交给理事会的附件草案；2013 年 3 月，理事会批准附件 19，同时出版经修订的第三版《安全管理手册（SMM）》；2013 年 7 月，附件 19 生效；2013 年 11 月，附件 19 适用。

4.1.2 国内背景

我国民航空管部门一直以来非常重视航空安全。1999 年，ICAO 开始对各缔约国民航当局开展安全审计，推动了我国民航空管各单位相继建立自己的规范化运行手册，并按运行手册规定标准和程序实施运行，这标志着我国民航空管的安全管理发生重大转折，开始由经验管理转向科学管理。1999 年，民航总局空中交通管理局（以下简称 ATMB）成立了安全监察处，加强了对安全风险的分析和控制工作，规范了安全信息的收集和管理，并开发了我国民航空管安全信息管理系统，开始尝试对安全风险信息进行电子化、网络化管理，安全状况和安全风险信息管理水平有了巨大提高。但与世界民航发达国家相比，我国在安全风险及风险信息等方面的差距仍旧很大，我国民航空管至今仍处在对安全风险管理理论的分析和前期准备阶段，发掘风险的主要途径和手段较为单一，主要还是来自于对不安全事件的分析。

1999 年 11 月，ATMB 成立了独立的安全管理部门，开始负责全系统的安全管理与研究工作，逐步构成 SMS 雏形；2004 年，AMTB 在我国民航空管的"十一五规划"中正式将建立完善的 SMS 纳入 2006—2010 年的工作当中；从 2004 年开始，中国民航空管开始进行空管安全管理体系建设研究；2005年，AMTB开始进行规则与相关手册的编写及空管SMS建设的规划；2006年，中国民用航空局（以下简称民航局CAAC）设立了安全专项资金项目"空管安全管理体系建设"，具体开始了我国民航空管安全管理体系的建设和研究。2007年9月，湖北空管分局SMS建设试点；2009年8~12月，在总结SMS试点工作的基础上，根据民航局下发的"建设要求"，参考ICAO 2009年新版《安全管理手册》，编写了具有实际建设指导作用的《中国民航空管系统安全管理体系建设与实施指南》。

2006年，按照ICAO相关标准和建议措施对安全管理的要求，并结合我国民航企事业单位实际情况，民航局开始在全国范围内推进SMS的建设。经过大量的研究，我国民航局于2007年10月23日发布了《中国民用航空安全管理体系建设总体实施方案》（民航发[2007]136号），明确了SMS的基本要素；提出了SMS认可的要求；划分了局方和民航企事业单位在建立SMS过程中的责任，并说明各类民航企事业单位应根据局方修订的相应规章和咨询通告实施SMS建设。

民航局各相关司局相继提出了如下关于SMS建设的要求和规范：

（1）2008年3月24日，民航局机场司发布《机场安全管理体系建设指南》（AC-139/140-FS-2008-1）；

（2）2008年4月29日，民航局飞标司发布《关于航空运营人安全管理体系的要求》（AC-121/135-FS-2008-26）；

（3）2009年6月1日，发布维修单位的安全管理体系（AC-145-15）；

（4）2009年8月5日，民航局空管办发布《民航空中交通管理安全管理体系（SMS）建设要求》（MD-TM-2009-003）；

（5）2009年8月31日，民航局公安局发布《航空保安管理体系（SEMS）建设指南》（AC-SB-2009-1）。

民航局空管办也相继下发了如下SMS建设指导材料和规范：

（1）《民航空管安全管理体系指导手册》（第一版）；

（2）《民航空中交通管理安全管理体系（SMS）建设要求》（MD-TM-2009-003）；

（3）《民航空管安全管理体系建设指导手册》（第二版）（MD-TM-2009-004）；

（4）《民航空管系统安全管理体系建设与实施指南》（IB-TM-2010-003）；

（5）《民航空中交通管理安全管理体系（SMS）建设指导手册》（第三版）（MD-TM-2011-001）；

（6）《民航空管安全管理体系（SMS）审核管理办法》（AP-83-2011-02）。

4.1.3 安全管理体系的概念

国际民航组织（ICAO）对安全管理体系的定义：安全管理体系是有组织的管理安全的方法，包括必要的组织结构、问责办法、政策和程序。

中国民用航空局（CAAC）对安全管理体系的定义：安全管理体系是指建立安全政策和安全目标，通过对组织内部组织结构、责任制度、资源、过程、程序等相互关联或相互作用的一系列要素进行系统性管理，实现安全目标的管理体系。

在ICAO 2009年第二版《安全管理手册》中，把SMS比喻为一个工具箱，这个工具箱中包含了航空组织在提供服务过程中，为控制危险源诱发成安全风险所需要的各种工具。第二版ICAO《安全管理手册》中强调："我们必须明确，SMS本身既不是一个工具，也不是一个过程。SMS是一个真实的工具箱，它包含着在进行两个基本安全管理过程（危险源确定和安全风险管理）时所要用的各类工具。SMS的作用是为组织提供一个符合组织规模、复杂程度的恰当工具箱。"

结合我国民航空管单位的实际情况，我们可以这样理解SMS：安全管理体系是一套安全管理工具和管理方法的整合。通过对所有组织安全运行的因素进行系统管理，通过制定安全政策、安全目标、持续改善措施，建立相应的组织结构并明确岗位职责，对各种风险加以科学高效的管理，提高组织的安全管理水平，从而螺旋式提高系统的安全水平。

4.1.4 实施SMS的重大意义

SMS以现代三论为基础、以风险管理为核心，具有更加科学完整的理论基础。它具有比传统安全管理更加严格的定义，如SMS的安全、安全管理和安全管理体系概念；更加直观明了的科学方法论，如基于风险识别、风险评估和风险控制的风险管理方法；更加系统性的方法和措施，如ICAO推荐了12项典型的安全管理要素和措施。

通过实施SMS，努力适应现代化空中交通管理系统规模化、技术密集和高风险条件下的安全管理新要求，加快实现我国民航空中交通系统安全管理的全面升级，全面提供更加安全、高效和经济的空中交通服务，逐步满足国际民航组织的各项安全管理要求，持续改进和提高我国民航空管的安全保障水平。

4.2 安全管理体系结构与内容

4.2.1 SMS模块、要素和工具的概念

SMS模块是SMS的结构化构成，SMS由若干模块构成，每个模块包含若干要素。

SMS要素是安全管理体系内容的基本组成单元，是安全管理体系组织结构、办法、政策和程序等内容的具体表现形式。

SMS工具是SMS要素反应到运用上的手段和方式，包括SMS安全管理规范和SMS安全管理工程技术手段两个方面。

4.2.2 ICAO 安全管理体系（SMS）的结构与内容

各国 SMS 的内容略有不同，通常情况下，一个组织可以通过选择多种方法来实现安全管理的需要，但是绝对不存在某一个适合于所有组织的简单模型，组织应根据自己的规模、复杂度、运行方式、安全文化、运行环节等情况来决定自己的安全管理结构、安全工作思路和方法。

归纳 ICAO 和英、美、欧洲航行安全局等国家或组织的 SMS 内容，SMS 的主要内容包括：安全管理的政策和策略、安全目标、安全管理的组织结构与职责分配、风险管理、安全评估、安全监督、安全培训与教育、运行日常监督检查、事件调查、安全信息报告与管理、安全文化建设等。

为系统化和结构化 SMS 的内容，国际民航组织在 2009 年发布的第二版《安全管理手册（SMM）》（DOC 9859 AN/474）中明确了安全管理体系（SMS）的框架结构和内容由以下 4 个部分（如图 4.1 所示）、12 要素构成：

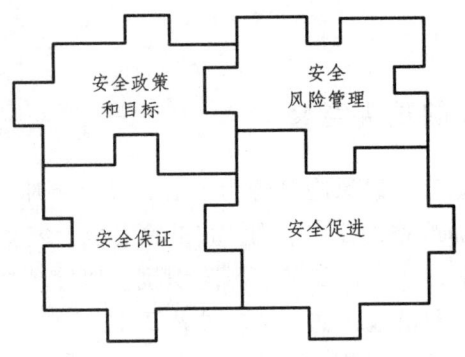

图 4.1 ICAO SMS 的框架结构

1. 安全政策和目标
   - 管理者承诺与责任
   - 安全职责
   - 对关键安全人员的任命
   - 协调应急预案
   - SMS 文件记录

2. 安全风险管理
   - 危险识别
   - 风险评估与缓解

3. 安全保证
   - 安全绩效监控与测评
   - 变革管理

— 对 SMS 的持续改进

4．安全促进

— 培训与教育

— 安全沟通

4.2.3 我国民航空管运行单位 SMS 的模块和要素构成

参考 ICAO 2009 年第二版《安全管理手册（SMM）》（DOC 9859 AN/474）提出的 4 个部分、12 要素 SMS 框架结构，结合我国空管行业运行实际情况，民航局空管办在《民航空中交通管理安全管理体系（SMS）建设指导手册》（第三版）（MD-TM-2011-001）中明确了民航空管运行单位 SMS 的总体框架与要素由安全政策和目标、安全风险管理、安全保证、安全促进四大模块，13 个要素构成，如图 4.2 所示。

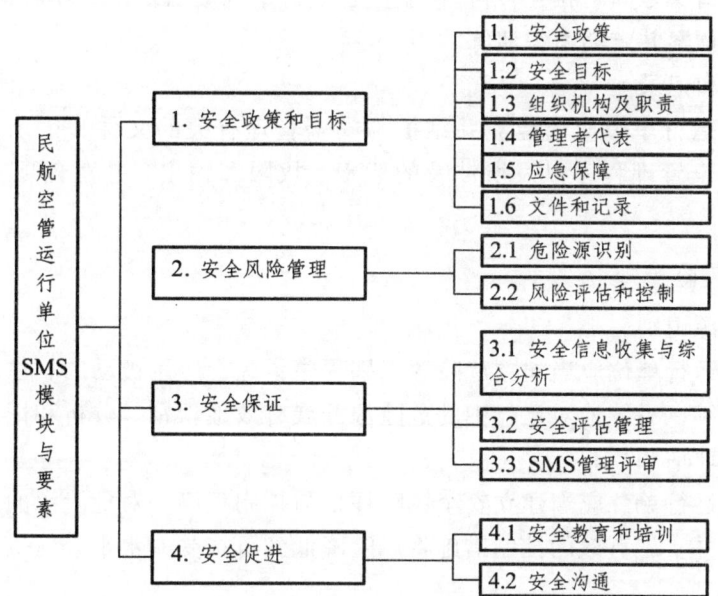

图 4.2 民航空管运行单位 SMS 模块与要素

1．安全政策和目标

（1）安全政策。

民航空管运行单位应当明确其安全政策，由主要负责人签署并进行定期评审。安全政策应当体现本单位对安全的承诺，包括为安全管理提供必要的资源、建立安全信息报告程序、明确定义可接受和不可接受的行为准则、奖惩政策等内容，并与全体员工进行沟通。

（2）安全目标。

民航空管运行单位应当建立安全绩效管理制度，确定安全绩效目标，制定、实施配套的行动计划，提供必要的资源支持，并定期对安全目标体系、行动计划的实施落实情况进行评审。

（3）组织机构及职责。

民航空管运行单位应当明确规定各安全相关部门、岗位、人员的安全责任，包括最高管理者、安全管理部门、安全相关部门、一线员工，并建立责任追究制度。明确规定最高管理者是安全管理第一责任人，对建立和实施SMS负有最终责任。

（4）管理者代表。

民航空管运行单位应当指定一名管理者代表，作为实施并维持有效SMS的负责人兼协调人，向本单位的负责人和各安全相关部门提出安全管理建议，负责内部以及与外部单位安全相关事务的协调和沟通。

（5）应急保障。

民航空管运行单位应当建立应急预案，并与相关单位的应急预案相协调，实现正常运行与紧急情况之间的相互转换。民航空管运行单位应当根据实际需要和情况变化，适时修订应急预案并定期组织演练。

（6）文件和记录。

民航空管运行单位应当建立并维护与安全管理有关的文件和记录，包括安全政策和目标、安全管理程序以及所涉及的职责、权限和输出，并对各项安全活动进行记录。

2．安全风险管理

（1）危险源识别。

民航空管运行单位应当建立危险源识别程序，综合应用被动的、主动的和预测的识别方法，持续、系统地对运行中的危险源开展有效地识别、分析和记录。

（2）风险评估和控制。

民航空管运行单位应当建立安全风险评价与控制程序，对危险源的安全风险进行分析和评价，并实施有效的控制措施将风险降低到可接受的水平。

3．安全保证

（1）安全信息收集与综合分析。

民航空管运行单位应当建立安全信息收集和综合分析程序，通过持续监控、内部检查、单位检查、员工报告、不安全事件调查等方式收集安全信息，进而在安全信息综合分析的基础上对各项风险控制措施进行监控，确保各项风险控制措施符合要求并达到预期目标。

（2）安全评估管理。

民航空管运行单位应当建立程序，对将要实施的重大变更可能带来的安全风险进行识别和管理，确保变更所带来的安全风险不会引发不安全事件或降低本单位的安全水平；

（3）SMS 管理评审。

民航空管运行单位应当建立 SMS 管理评审程序，通过管理评审不断提高和持续改进 SMS 各个模块、要素、流程的充分性、适宜性和有效性。

4．安全促进

（1）安全教育和培训。

民航空管运行单位应当制订并实施有效的安全教育培训计划，保证所有员工都能接受安全教育培训、胜任 SMS 相关工作，安全教育培训的内容应与每个员工安全工作的范围及影响程度相一致。

（2）安全沟通。

民航空管运行单位应当建立正式的安全沟通渠道及程序，保证所有员工及外部相关单位能够及时了解 SMS 运行情况和各类安全信息。

4.2.4 民航空管系统的 SMS

4.2.4.1 民航空管系统 SMS 的模块和要素构成

按照目前我国民航空管的管理体制，民航空管运行单位包括中国民用航空局空中交通管理局（以下简称民航局空管局）及其所属的地区空中交通管理局（以下简称地区空管局）、空中交通管理分局、空中交通管理站（以下简称空管分局、站）和机场管理机构及其下属的空管运行部门。民航空管系统是指民航局空管局、民航地区空管局、空管分局（站）三级空中交通管理机构。因此，作为民航空管行业最大的运行系统，按照民航局空管办民航空管运行单位 SMS 的总体框架与要素构成，参考 ICAO 2009年第二版《安全管理手册（SMM）》（DOC 9859 AN/474），结合民航空管系统运行实际情况，民航空管系统的 SMS 建设提出了民航空管系统 SMS 的框架与要素由如下四大模块，16 个要素构成（如图 4.3 所示）。

4.2.4.2 民航空管系统 SMS 的模块和要素说明

空管安全管理体系四大模块的定义和功能如下：

（1）管理承诺与策划——包括安全政策、安全目标以及开展安全管理所需的各种资源的承诺、组织结构及职责、规章制度、文件及其管理等，是安全管理体系的基础；

（2）安全管理程序——为达到预期安全目标而持续开展的各项安全管理活动，包括各种安全管理程序与工具，是安全管理体系的动态组成部分；

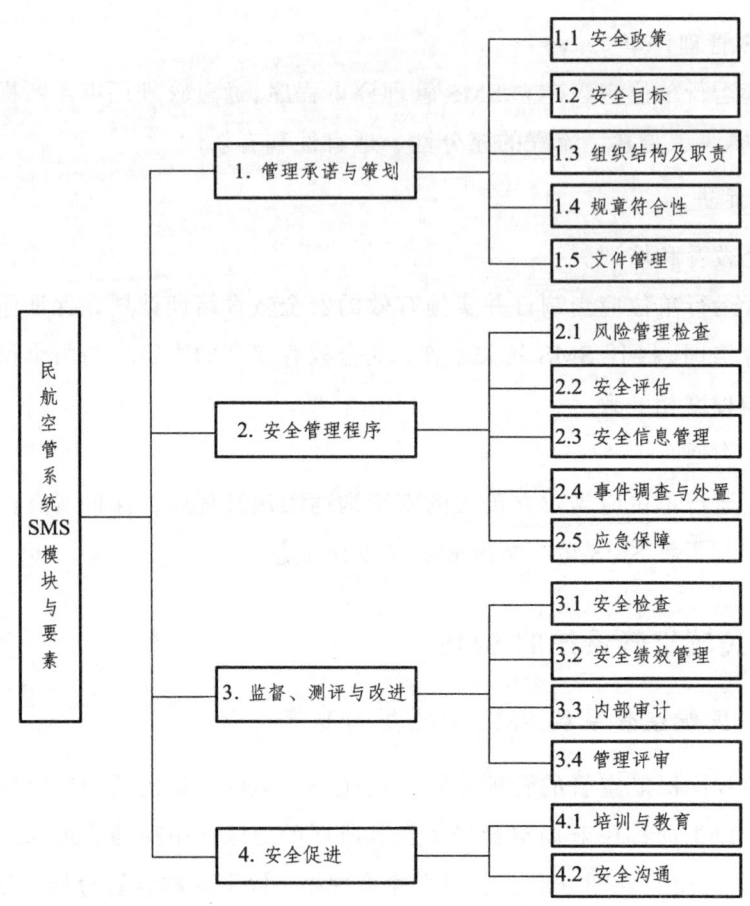

图 4.3 民航空管系统 SMS 模块与要素构成

（3）监督、测评与改进——为促进空管安全管理体系持续改进，空管单位自身进行的监督、评审、检查和总结，是安全管理体系持续高效运行和安全的保证；

（4）安全促进——为营造有利于空管单位实现安全目标的环境而实施正式的安全培训与教育和安全沟通活动，使个人和单位的行为趋于协调一致，是对安全管理体系的有效运行和安全水平的促进。

4.2.4.3 空管 SMS 的要素释义

1．安全政策

安全政策是空管运行单位进行安全管理的行动依据和准则。安全政策由空管运行单位主要负责人批准后形成正式文件发布，并传达到全体从业人员。

2．安全目标

安全目标是在一定时期内预期达到的安全水平，由一系列量化的安全指标进行描述。

3. 组织结构及职责

组织结构及职责是空管运行单位为有效贯彻本单位安全政策和实现安全目标，有效建立和实施安全管理体系而建立的组织结构，并建立清晰的安全责任体系，明确各个部门、岗位和人员的安全管理职责及任职要求。

4. 规章符合性

规章符合性是指空管运行单位建立并保持识别本单位的制度、运行等方面是否符合国家和民航局现行有效法律、法规、规章和标准的机制和过程，以确保安全管理体系符合局方要求。

5. 文件管理

文件管理是空管单位为确保安全管理及运行文件、记录的保存、有效发放、使用和被理解而建立的相应管理制度。

6. 风险管理

风险管理是安全管理体系实施和运行的灵魂和核心，是SMS主要的安全管理程序和手段。相对于SMS其他动态要素的建设和运行，可以认为其他要素的最终价值都是在论证是否需要及时地开展风险管理和安全保障。

7. 安全评估

安全评估是SMS基于变革管理理论而被确立的要素之一。在系统可能需要进行重大变革时，需要对系统的安全状态进行适时的评估，通过对可能的风险实施管理，从而为实现组织的安全目标执行必要的变革管理。

8. 安全信息管理

SMS安全信息是组织实施风险管理的根据之源，对安全信息的有效管理是空管单位各项安全管理活动是否切实、有序、高效的关键。安全信息管理是获取安全生产运行状态的有效途径，是系统运行的驱动器。

9. 事件调查与处置

事件调查与处置要素是SMS演化应用事后补救管理思想而被确定的要素。在新版ICAO SMM9859中，将事件调查升华为安全调查，将其形容为系统安全的最后守门员，将其执行过程形容是在举行一种"葬礼"。为此，不必再讨论损失，不必追究责任，以重塑系统内的互信和公信为基准，以发现系统危险源适时启动风险管理为执行方向，用更加高远的管理愿景来对待已经发生和过去的事务，即通常所讲的"将坏事变好事"。

10. 应急保障

对空管而言，应急响应是事故或事故征候发生前所做的最后努力，我们需要在应急响应中可直接对核心人员进行授权，要求相关部门和人员参与协同处置，防止紧急状态下的风险升级，并促使生产运行有序地从紧急情况尽快地回到正常。

11．安全检查

SMS 安全检查要素运行的内涵在于：它要求检查活动更具针对性和细微性，且检查的过程需要被监督和记录，检查的目的不在于"揪"错，而在于最快最直接地发现危险源，及时展开科学的风险分析，指导并督促相关部门迅速地实施风险管控。

12．安全绩效管理

安全绩效管理是一个组织依据制订的安全目标及为实现目标所将执行的一系列安全管理绩效指标，将目标和安全管理绩效指标分解为一个个可量化的、可实现的单一指标，以协议的形式分解至相对应的责任部门和责任人。通过对这些指标完成情况的持续监控和定期考核，确定本组织安全管理体系是否依照预期运转，确定是否需要采取措施以提高安全绩效水平，以达到预期安全目标的管理方式。

13．内部审计

SMS 内部审计是验证 SMS 建设要素符合性、充分性、适宜性和有效性的重要手段，是针对 SMS 的要素，包括文件、程序和工具是否全面、适宜，各相关工作和有关结果是否符合有关文件和局方要求，SMS 文件的各项规定是否得到了有效贯彻等内容进行审计的管理过程。SMS 内部审计的关注点是本组织 SMS 的完整性，并对安全风险控制的状态展开定期评审。外部审计是属于组织以外的管理活动，是由局方或授权外部机构来审核组织的 SMS 以及生产运行行为与法律法规、行业规章的符合程度的安全监督管理活动。

14．管理评审

管理评审是空管单位的主要领导适时地评价本单位 SMS 的持续的适宜性、充分性、有效性和效率的管理活动。

15．培训与教育

培训与教育是 SMS 安全促进的主要手段之一，在体系运行中应建立并实施围绕缓解风险等级而持续、适时开展的有针对的多领域（技术专业、管理知识、规章制度、安全工具等）、多层次（各级管理层与员工）立体的培训活动，充分发挥教培人员和教培工具的最大价值，产生积极地促进安全运行的效能，使风险管理和安全保障工作得以持续进行。

16．安全沟通

在着手展开任何一项安全管理工作时，都应当有基于安全的必要沟通工作的体现。因此，SMS 应建立有效的沟通机制，完善并明确各种渠道，在管理与生产之间、管理与被管理之间，管理运行与监督职能之间以及本组织与外部合作方之间，形成良性互动、彼此尊重、主动报告与有效反馈的沟通系统,确保系统的生产运行安全高效。

4.2.4.4 民航空管系统 SMS 模块、要素与空管运行的关系

民航空管 SMS 四大模块与空管运行的关系如图 4.4 所示。

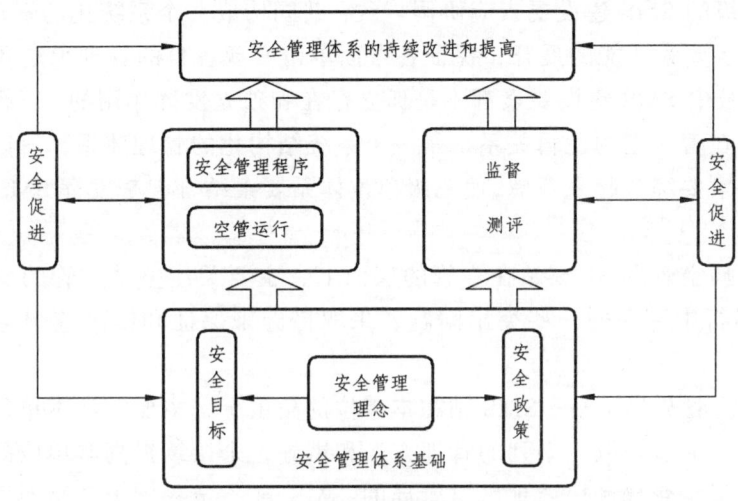

图 4.4 空管 SMS 模块与要素关系

4.2.4.5 民航空管系统三级机构 SMS 建设模块及相互关系

按照"空管一体化"改革和"三定"后民航空管各级单位的职责,明确民航局空管局、民航地区空管局、民航空管分局(站)三级机构的 SMS 建设模块及相互关系如图 4.5 所示。

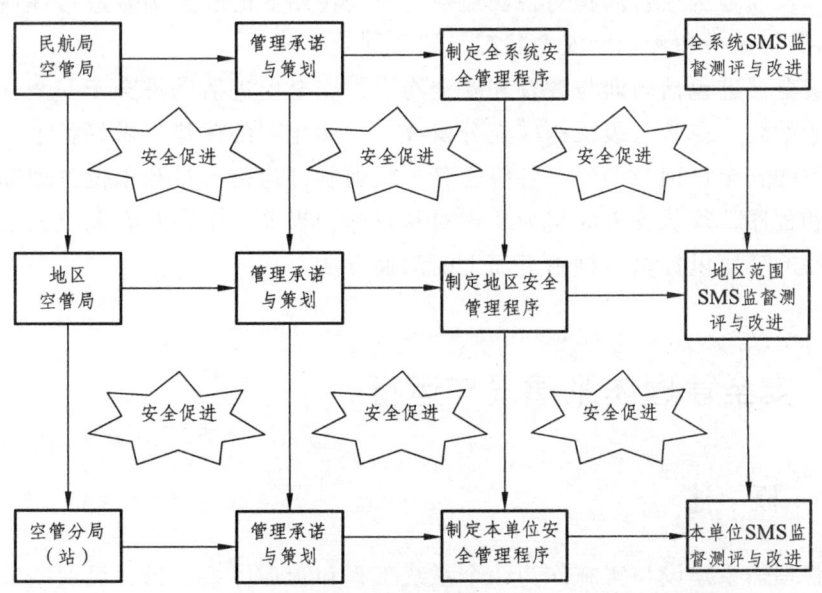

图 4.5 空管各级单位 SMS 建设模块及相互间的主要关系

空管各级单位 SMS 模块与要素相互关系如下：

（1）民航局空管局—民航地区空管局—民航空管分局（站）三级机构中都包含了 SMS 的四大模块，但每一级机构为了实现不同职能范围内的管理功能，SMS 的四大模块的内容范围和要求不同；

（2）每一级的 SMS 建设要素应协调一致，共同构成一个系统化的管理体系，通过 PDCA 循环和各要素功能的展开，保证各层面单位实现各自的管理承诺和安全目标；

（3）每一级中 SMS 建设要素都不是孤立存在和独立发挥作用的，三级单位要素间相互关联，存在着一定的逻辑关系，是一个系统结构化的管理体系，所以各级单位中各个模块和要素要综合起来考虑，使三级单位体系要素结合起来发挥 SMS 整体的实施效果。

（4）民航局空管局 SMS 站在空管的层面上，主要关注整个空管的安全水平以及在整个系统运行中存在的一些突出问题，采取措施来保证和提高整个空管运行的总体安全水平。

（5）民航空管分局（站）SMS 站在本单位的角度上，主要关注本单位内的安全问题和安全水平，通过采取一系列的管理方法和措施，来持续提高本单位的安全水平。

（6）民航局空管局和民航地区空管局的 SMS 在一定程度上，是对国家安全方案（SSP）的细化，是对民航空管分局（站）SMS 的指导。民航局空管局和民航地区空管局 SMS 的特点应该是将规章符合性管理转变为规章基础上的绩效管理。民航空管分局（站）SMS 的特点应该是实施风险管理、安全保证、安全促进，实现安全绩效的提升。

（7）民航局空管局和民航地区空管局 SMS 对民航空管分局（站）实施 SMS 提出要求并给以必要的安全保证支撑，属于规章符合性管理；在规章管理的基础上，民航局空管局和民航地区空管局将对各民航空管分局（站）的安全绩效进行评估，具体评价 SMS 的实施效果和实际的安全状况，属于绩效管理。

（8）安全促进包括培训与教育和安全沟通，安全促进活动贯穿于安全管理体系建设和运行的始终。空管三级机构应充分发挥"一体化"的优势，做好各个级和整个系统协调一致的安全培训与沟通。各级空管单位须制订运行人员和单位管理部门之间交流的过程和程序，须从各方面努力实现对其目标、当前的工作状态和重大事件的沟通和在开放性的环境里提供一种由下而上的沟通方法。

4.3 安全管理体系建设与运行

4.3.1 概 述

安全管理体系建设与实施作为一个系统工程和管理体系建设，民航空管各级单位在建设与实施 SMS 时，其阶段和步骤都是一样的，只是根据空管三级机构的职能和分工不同，在建设与实施各步骤里的要素建设与实施范围、内容略有不同。

本章提供的阶段性建设方法，目的在于为民航空管各级单位的 SMS 建设与实施提供便于管理的一系列步骤指引，以有效地管理 SMS 建设与实施工作。

空管各级单位 SMS 建设与实施四个阶段建设要素如图 4.6 所示。

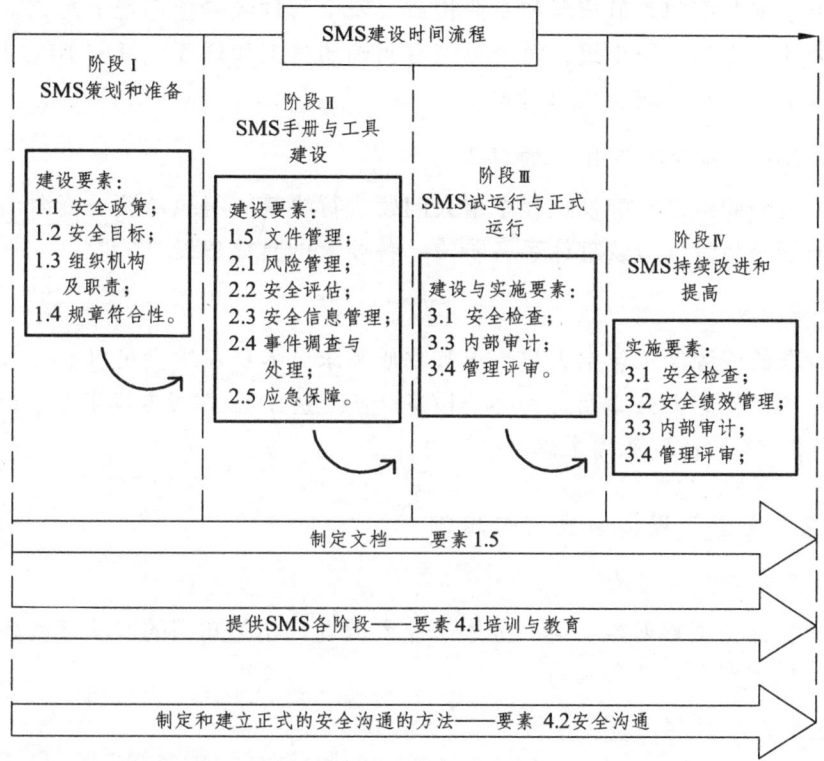

图 4.6　空管 SMS 建设与实施阶段及要素流程图

4.3.2　阶段 I——SMS 策划和准备

安全管理体系的策划与准备阶段在于做好空管安全管理体系建设的各种前期工作，主要包括：领导承诺、制定安全政策和安全目标、任命管理者代表、成立工作组、系统描述、差异分析、拟定 SMS 实施计划、资源保障等工作。安全管理体系的策划和准备阶段的建设要素包括：安全政策；安全目标；组织结构及职责；规章符合性；培训与教育（SMS 宣贯与培训）；安全沟通。安全管理体系的策划和准备阶段的建设步骤和内容如下：

4.3.2.1　成立 SMS 建设领导小组和专项工作组

1．领导小组和专项工作组的构成

空管安全管理体系建设应成立领导小组和专项工作组，领导小组由空管单位主要负责人担任组长,管理者代表担任副组长,各部门领导为领导小组成员;空管安全管理体系建设应成立 SMS 建设专项工作组,SMS 建设专项工作组由组长、小组长及成员构成,包括安全管理人员、安全专家和各专业技术人员。应保证专项工作组一半人员是专职人员,专项工作组的人数根据各单位的情况确定,专职人员一般为 3 至 6 人,兼职人员可根据各部门人员情况和专业构成及安全管理经验指定若干构成。专项工作组下可分为几个专项工作小组,每个小组有明确的分工和任务,每一小组应包含 1 至 2 名专职人员,各小组成员可以有重复。

2．领导小组和专项工作组的职责

领导小组的职责是对建设过程中重大问题进行决策、组织协调、资源调配等;专项工作组职责是负责安全管理体系各阶段、各要素的具体建设。

3．资源需求

这一阶段的资源需求包括人员需求和物质需求,人员需求满足以上要求,物质需求为配备专项工作组办公室及各种办公设备,应设立 SMS 建设专项资金,专项资金额度由 SMS 建设各阶段资源需求确定。

4.3.2.2 安全管理体系宣贯与培训

1．宣贯与培训的目的

建立和实施安全管理体系应对全体从业人员进行相关知识的专项宣贯和培训,以便得到广泛的理解、支持和参与。

2．宣贯与培训的内容

(1)针对管理人员的宣贯和培训,应了解安全管理体系的内涵和重要性、明确决策层领导在安全管理体系建设中的关键地位和主导作用,了解安全管理体系的基本原理、内容及运行模式;

(2)针对运行人员的培训,应了解安全管理体系建设的基本内容,本岗位在体系中的地位和作用及相关要求;

(3)针对 SMS 建设人员的培训,应理解和掌握 SMS 的建设要素及内容、建设要求、建设步骤和方法。

3．资源需求

这一阶段的资源需求包括培训费用和教员费用。

4.3.2.3 领导承诺

1．领导的承诺及意义

空管单位主要负责人是安全管理体系的最终负责人,空管单位主要负责人应当承诺对安全管理体系的支持,提供必要的人力、物力、财力等资源保障。同时,空管单位主要负责人的承诺还应体现在本单位的安全政策中。空管单位主要负责人的支持和决心是安全管理体系建设的内部动力,也是空管单位各部门和全体员工积极投入安全管理体系建设的重要保证。

2. 举行 SMS 启动会

SMS 启动会应由空管单位主要负责人主持,各部门领导和安全管理人员、运行人员参加的全员大会。在大会上应说明 SMS 的建设目的、要求,由主要负责人宣读单位的安全政策和安全目标,并承诺对安全管理体系建设与实施的支持,宣布成立 SMS 建设领导小组和专项工作组,并介绍其构成。

3. 资源需求

这一阶段的资源需求为制定安全政策和安全目标的人员费用和举行 SMS 启动会费用。

4.3.2.4 建立组织结构,明确各部门和人员的安全管理职能和职责

1. 组织结构的构成及责任关系

SMS 是依据组织结构及职责来运行和协调的。空管单位 SMS 的组织机构应结合自身的运行规模和实际,依照上级制定的设置原则,以切实满足安全管理要求加以设置,应避免盲目设置造成管理流程混乱和管理资源浪费。空管单位 SMS 的组织结构由航空安全委员会、管理者代表、安全管理部门、安全管理人员、安全专家和各机关业务部门和运行部门的安全监理和岗位安全员构成。

SMS 组织结构中各部门的关系为:

(1)航空安全委员会是 SMS 组织结构中的最高权力机构,负责处理重大问题;

(2)空管单位第一负责人是 SMS 的最终负责人,第一负责人可任命一名管理者代表作为 SMS 的直接负责人;

(3)管理者代表是 SMS 建立、实施、保持和持续改进的直接负责人,其职责和权力应能领导组织机构中的各部门;

(4)安全管理部门是 SMS 的日常办事机构,相当于安全办公室。安全管理部门上直接接受航空安全委员会和管理者代表的任务指派和领导,下负责协调和管理其他各机关业务部门和运行部门的安全职能;

(5)其他各机关业务部门和运行部门的安全监理和岗位安全员根据本部门的安全职能承担相应安全管理职责,其安全职责应与安全管理部门的职能配合。

2. 组织结构的建立

空管单位可按组织结构的构成、关系成立航空安全委员会、任命管理者代表、成立安全管理部门、聘用安全管理人员、聘用安全专家,同时明确组织结构中各部门和人员的安全管理职能和职责。

图 4.7 所示为民航空管分局(站)行政组织机构图。

图 4.8 所示为民航空管分局(站)安全管理组织机构图。

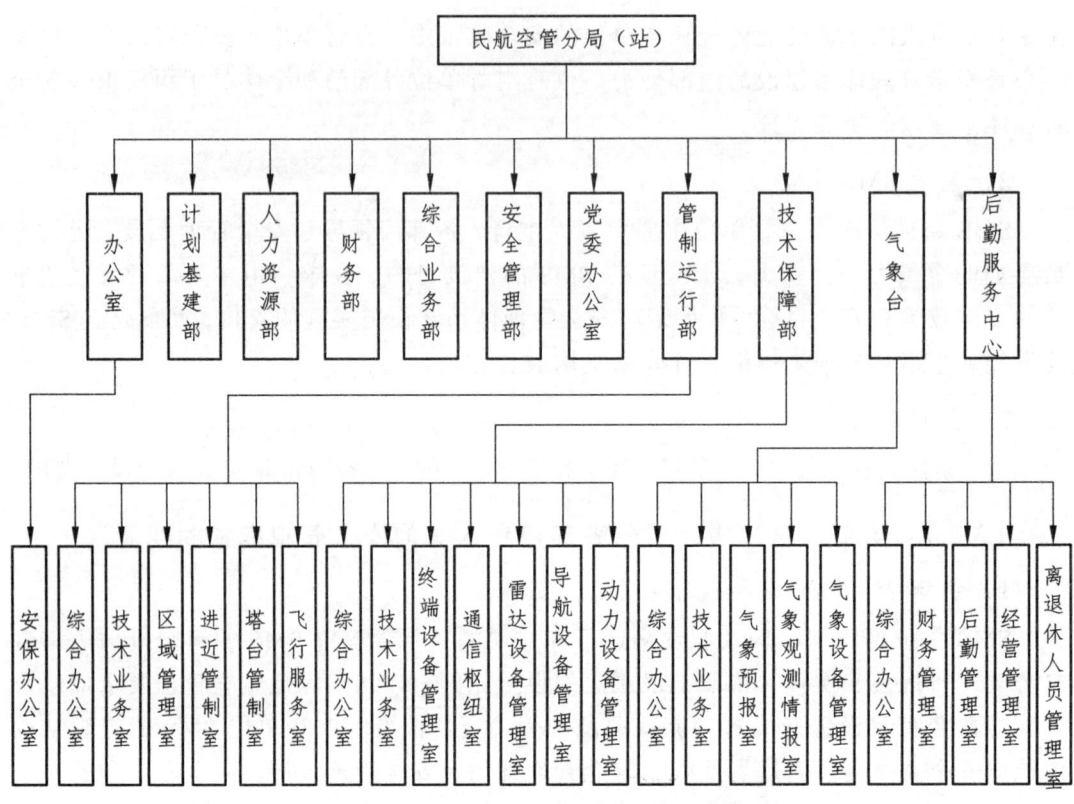

图 4.7 民航空管分局（站）行政组织机构图

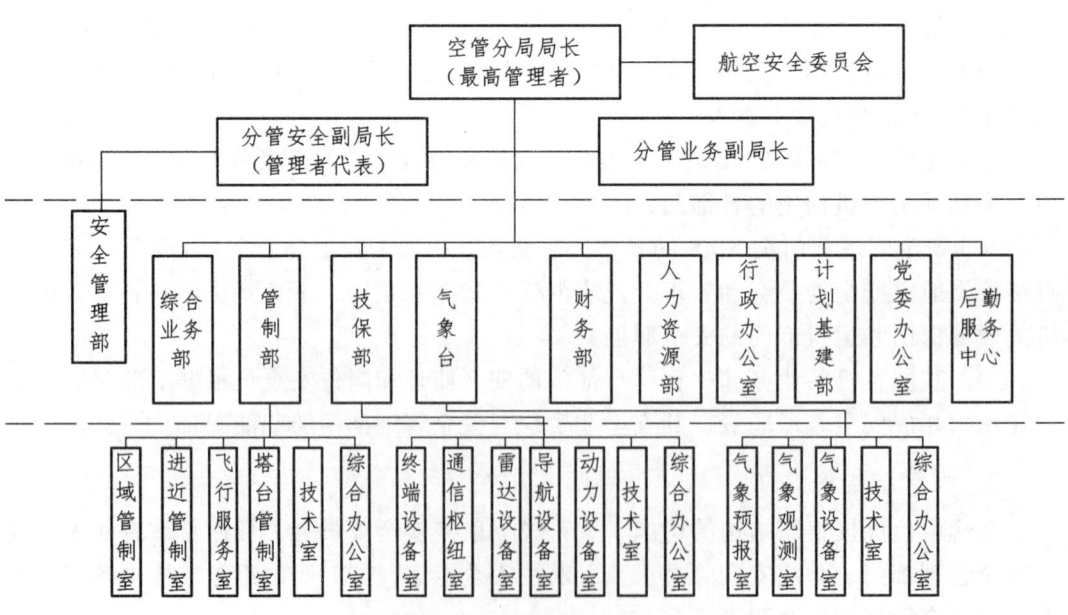

图 4.8 民航空管分局（站）安全管理组织机构图

3．组织结构中各部门和人员的职能和职责

（1）航空安全委员会职责。

空管运行单位应当成立航空安全委员会，航空安全委员会主任由空管运行单位主要负责人担任，相关部门的负责人是委员会的成员，日常事务由安全管理部门负责。航空安全委员会的职责主要包括：

① 依据国家法律法规、民航规章，对空管运行和安全管理进行指导；

② 研究分析空管运行安全形势，评估空管运行安全状况；

③ 协调解决空管运行中的安全问题；

④ 对空管运行安全隐患和问题，提出整改措施，并督促有关单位落实。

（2）管理者代表职责。

由民航空管单位负责人任命一名独立于运行及其支持过程的管理者代表，其应具备下列职责和权限：

① 确保建立、实施、保持安全管理体系需要的过程；

② 直接向单位负责人报告安全管理体系运行情况和改进需求；

③ 确保提高整个单位内的安全意识。

（3）安全管理部门职能。

① 按照国家和民航局的安全管理政策、法律、法规、规章、管理文件和标准，制订安全管理工作规划，制订安全管理目标，组织安全管理工作，监督、检查和指导安全工作，落实安全管理措施；

② 对空管运行状况进行经常性检查，定期评价空管运行单位安全状况，对检查中发现的安全问题，提出安全管理意见和建议，并对相关整改情况进行跟踪，确保空管 SMS 得到监控和持续改进；

③ 搜集、统计、分析和管理安全信息，发现和掌握安全管理规律，制订安全管理工作措施；

④ 申请、参与安全评估，组织实施风险管理；

⑤ 对空管不正常事件展开调查，并制订和落实防范措施；

⑥ 制订年度安全培训计划，组织开展空管从业人员的安全生产教育、培训工作，记录培训考核情况；

⑦ 定期对各部门进行安全目标和安全绩效考核，根据具体情况实施安全奖惩；

⑧ 参与对涉及空管单位安全生产使用的新建、改建、扩建工程项目和设备引进工作从可行性研究开始到设计、施工和验收全过程的安全审查工作，以保证在早期的设计、施工阶段把危险性降低到最低程度，从源头保障系统的安全。

⑨ 完成上级领导交办的其他任务。

（4）安全管理人员职责。

安全管理人员负责 SMS 的建设与实施，主要负责安全监督体系的职能。安全管理人员在安全管理部的组织与指导下开展安全管理活动，其构成主要是安全管理职能部门人员以及各机关业务部门和运行部门的安全监理和岗位安全员。

（5）安全专家职责。

安全专家有专职和兼职专家，主要负责制定和实施各种安全管理程序和进行安全专业咨询。

（6）其他各部门安全管理职能和安全监理职责。

SMS组织结构中其他各部门，包括各机关业务部门和运行部门应根据各部门的安全责任明确其安全管理职能，同时明确各部门一名领导作为安全监理的职责，在安全监理下应至少有一名岗位安全员并明确其职责，该人员可以是兼职的。

4．资源需求

这一阶段的资源需求包括人员需求和资金需求，人员需求满足以上组织结构构成的要求，资金需求为管理者代表、安全专家和兼职人员的专项补贴。

4.3.2.5　系统描述

1．系统描述的目的

系统描述是开发和建设SMS的首要前提。根据空管运行环境里人、机、环和安全的相互关系，在提供服务时安全的薄弱性存在于人与运行环境中其他组成部分不匹配的界面中。人与运行环境中其他组成部分的相互关系所可能导致的安全薄弱点可以被描述为危险源，具有可识别、可控制的因素。危险源是生产运行系统的特别组成部分，大部分危险源都会在系统中不同组成部分相互接触时释放其破坏潜力。系统描述就是描述空管运行环境中人、机、环的组成、功能及其与安全之间的关系，以便进一步展开安全管理体系的后续活动。

2．系统描述的内容

系统描述的内容包括：本单位系统与航空运输系统中其他系统的相互作用和关系；系统的功能；系统的目的；系统如何被使用；系统运行时要求的人的活动；系统的硬件组成部分；系统的软件组成部分，包括对系统运行和使用予以指导的有关程序；运行环境；合同规定的和采购的产品和服务。

3．资源需求

这一阶段的资源需求包括调研费用和人员费用。

4.3.2.6　差异分析

1．差异分析的定义

实行SMS要求空管单位对其系统做出分析，以确定现存的方法和程序等内容哪些符合SMS的组成部分和要素，需要增加或更正哪些组成部分和因素以达到执行要求。这个分析就是差异分析，它需要将SMS的要求与现存的资源相对比。一旦完成差异分析，它就会成为 SMS 实施计划的基础和依据之一。

差异分析是对空管单位的安全管理现状与安全管理体系的要求进行对照分析的过程，对安全管理体系建设的完整性和有效性至关重要。具体见附录 1 空管安全管理体系差异分析表。

2．差异分析的内容

差异分析的具体工作内容是：确定安全管理体系的组成或要素是否已在本单位建立或实施，哪些组成或要素需要增加、哪些需要修改以满足空管安全管理体系及相关规章的要求。

对安全管理体系差异分析表，使用时逐项对照，对其中的每一项予以回答"符合""不符合"或"部分符合"。其中：

① "符合"表示空管单位已经符合该要素的要求，在本单位得到实施。

② "不符合"表示没有得到实施，或者空管单位的政策、程序或过程与该要素存在较大差异。

③ "部分符合"表示该要素在空管单位得到实施，但是还有待于进一步建设。差异分析的详细内容参见本书的空管安全管理体系差异分析表。

3．差异分析报告

差异分析结束之后，应及时编写差异分析报告，报告内容应包括：

① 本单位安全管理现状；
② 差异分析的范围和依据；
③ 差异分析的过程；
④ 差异分析的结果；
⑤ 建议措施。

4．资源需求

这一阶段的资源需求包括调研费用和差异分析会议费用及报告编写人员费用。

4.3.2.7 制订 SMS 实施计划

1．SMS 实施计划的制订要求

空管单位首先应当制定安全政策、确定安全目标，并结合差异分析的结论，形成详细的 SMS 实施工作计划。SMS 实施计划应获得单位高层的认可，且以国家法规、国际标准和建议措施（SARPs）、系统描述以及差异分析的结果为基础。

2．制订 SMS 实施计划的目的

① 提供空管单位为实现其安全目标而实施 SMS 的具体策略；
② 提供一套易管理的 SMS 实施步骤；
③ 提供实施 SMS 的责任框架。

3．SMS 实施计划的内容

① SMS 的组成及内容；
② SMS 工具建设；
③ SMS 实施的策略和方法；
④ 明确负责 SMS 实施的组织；
⑤ 提供一系列要执行的安全管理过程和活动，说明它们的关系、输入和输出；
⑥ 提出资源需求；
⑦ 为监督实施过程，计划应提供每阶段应取得成绩的一系列明确的目标。

4．资源需求

这一阶段的资源需求包括会议费用和 SMS 实施计划方案编写人员费用，应设立 SMS 实施计划方案编写专项费用。

4.3.3　阶段Ⅱ——SMS 手册与工具建设

4.3.3.1　修改与制订文件

1．修改与制订文件的要求

SMS 一个明显特征就是所有的安全管理活动被记录下来，并是可见的，文件是 SMS 的一个重要因素。

因此，空管单位应在空管安全管理体系差异分析结束之后，按照差异分析的结果，修改与制订有关文件，以满足空管安全管理体系的要求。修订的文件应记录于文件修订记录表。

2．修改与制订文件的内容

SMS 的文件必须包括所有相关的可行的国家和国际规章制度。它必须包括 SMS 具体的记录和文件，比如危险源报告表、职责规定、有关运行安全管理的责任和权力、安全管理组织结构等。它必须记录明确的记录管理指导方针，包括处理、储存、追溯和保护。

3．资源需求

这一阶段的资源需求包括修改与制订文件会议费用和人员费用。

4.3.3.2　编写《安全管理体系手册》

1．SMS 手册的作用

SMS 文件最重要的一部分就是 SMS 手册（SMSM）。

SMSM 是将组织对安全的处理办法传递到整个组织的关键工具。它记录了 SMS 的所有方面，包括安全政策、目标、程序和个人安全职责。因此，空管单位应编写本单位的《安全管理体系手册》。

2．SMS 手册的内容

安全管理体系手册应在 SMS 实施之前制订出初稿，而且随着 SMS 的实施应被修订、更新以及调整。

SMS 手册的内容包括：SMS 的结构；安全管理程序和实例；安全管理体系的范围；安全政策和目标；安全职责；关键安全工作人员；文件控制程序；协调应急响应计划；危险源识别和风险管理规划；安全保障；安全绩效监测；安全审计；变革管理与安全评估；安全促进；购买的产品和外包的服务合同管理。

3．SMS 手册的编写

SMS 手册的编写应成立手册编写小组，成员可由 SMS 建设专项工作组和安全专家组成。SMS 手册目录可以采取大体与 SMS 要素顺序对应的方法，也可以按照本单位的空管服务提供流程去编写。

4．资源需求

这一阶段的资源需求包括 SMS 手册编写的会议费用、人员费用以及手册的装订印刷费用，应设立 SMS 手册编写专项费用。

4.3.3.3 安全管理体系工具建设

1．SMS 工具建设概述

SMS 是支持安全管理活动的一整套安全管理策略、方法和措施。对于技术密集、多因素、高度动态、高风险和大规模的现代化空中交通管理系统来说，安全管理仅仅依靠"人"的经验必然力不从心，难以取得良好成效。因此，SMS 的建设应当充分利用安全管理理论方法和系统工程技术，以创建一个完整的安全管理工具箱，为安全管理活动提供一系列理性的方法和先进的技术手段。

空中交通管理系统的安全管理工作，应当依据 SMS 中既定的安全管理标准、要求和规程进行。但安全标准越严谨，安全要求越全面，安全规程越细致，开展安全管理活动的难度也就越大。目前，虽然以人为主体的传统安全管理作业方式仍然有效，但面对空中交通管理系统的多因素和高动态特性，人的经验缺陷常常也是十分明显的；同时，对空中交通管理系统在运行中释放出的海量信息，人的处理能力显然难以高效，甚至在很多情况下，人工采集和处理安全信息将变得越来越困难。因此，SMS 工具箱建设的一个重要任务就是为管理者提供一整套补充个体经验不足的理性方法和一系列扩展甚至替代人的工作技能的现代化安全管理工具。

我国民航各级空中交通管理机构都应当依据 SMS 中既定的安全管理标准、要求和规程实施安全管理。但安全标准越严谨，安全要求越全面，安全规程越细致，开展具体安全管理活动的相对难度也就越大。

在 SMS 建设中，空管单位应当充分利用现代安全管理理论方法和系统工程技术，以创建一系列安全管理规范和技术工具，为开展具体安全管理活动提供科学方法和先进技术手段。

SMS 工具的建设目的就是为空管单位提供适用于其不同安全管理职能的一整套更加科学和理性的安全管理规范和现代化安全管理作业工具。

2．SMS 工具箱的建设内容

空管 SMS 工具建设应当包括 SMS 安全管理规范和 SMS 安全管理工程技术手段两个方面。其中：

① SMS 安全管理规范是基于特定安全管理思想、概念、策略和方法的安全管理标准、程序和措施，其载体主要是 SMS 手册。

② SMS 的安全管理工程技术手段是依托先进安全管理技术的工作手段和作业工具，它是有别于传统安全管理的现代化安全管理技术途径，它具体体现为相应的物理工具（系统）。

空管单位的 SMS 工具建设领域主要包括与其安全管理职能相对应的安全风险管理、安全信息管理、安全数据分析、安全评估、内部安全审计、安全绩效管理等工具。

3．SMS 工具和工具箱的建设要求

空管单位在"SMS 实施计划"制订结束后，就应该按照实施计划中有关 SMS 工具建设的计划内容、方法进行 SMS 工具的开发和建设。在进行 SMS 工具建设时，应根据本单位情况进行建设，其工具要符合本单位的实际情况和安全绩效的要求，工具的运行和使用应达到实效性和高效性。SMS 作为一个工具箱（如图 4.9 所示），它保证在进行危险源识别和安全风险管理时，应确保达到以下要求：

① 组织执行任务时所需要的正确工具就在手头；

② 工具和任务是恰当地联系起来的，工具和工具之间是相互关联的；

③ SMS 工具中的不同安全管理方法和手段，各有其特定的作用和效果，它们不应当被盲目地使用或随意地滥用，而是应当与不同安全管理任务相配，以在消耗较少系统资源的情况下，发挥其最佳效用；

图 4.9　SMS—工具箱

④ 工具对于组织的需要和局限性来说是成比例和相适应的；

⑤ 在工具箱中可以很容易地找到工具，而不需要不必要的时间或资源浪费；

⑥ SMS 的工具不是一劳永逸的，随着空中交通管理系统的发展、安全管理理论的进一步完善和科学技术的不断进步，SMS 工具建设应当不断与时俱进，甚至适度超前于空中交通管理系统本身的发展。

4．资源需求

这一阶段的资源需求包括各个系统工具开发建设费用和人员费用，应设立 SMS

工具建设专项进行开发建设，可结合民航局空管局和地区空管局的年度立项项目进行开发建设。

4.3.3.4 安全管理体系专项培训

1．专项培训内容

在完成安全管理体系文件、手册与工具建设后，应对有关人员进行安全管理体系文件、手册与工具的内容和使用的专项培训。

2．资源需求

应规划预算安全管理体系专项培训经费。

4.3.4 阶段Ⅲ——SMS试运行与正式运行

4.3.4.1 SMS试运行启动

1．启动

在安全管理体系相关文件、手册编写完毕，SMS工具也建设起来后，空管单位的安全管理体系须进行三个月或以上的试运行，以验证SMS建设要素的充分性、适用性、符合性和有效性，为正式取得局方认证做好充分准备。启动应当以正式通知的形式下达到各有关部门和人员。根据参与的人数，安排好场地和议程。

2．参与人员

① 空管单位的主要领导及高管层；

② 管理者代表；

③ 中层管理者；

④ 安全专家；

⑤ 安全管理人员；

⑥ 运行人员（尽可能多地安排运行人员参加）。

3．会议议程

会议的议程可包括：

① 空管单位的主要领导颁布文件实施令，正式签发安全政策、安全管理体系手册等文件，宣布启用的SMS工具；

② 可安排各部门代表发言（不宜过多、过长）；

③ 工作组进行文件颁布后实施要求的培训；

④ 会议内容。

4.3.4.2 实施文件、运行程序

在启动会结束后，就开始实施SMS的文件、手册和运行程序。安全管理体系手册、

程序文件、第三层运行手册由相应的领导签发并发放到有关部门或人员的手上，组织宣讲、学习和实施。在 SMS 的文件、手册和程序试运行中，各级人员要做好文件、手册运行情况和问题的记录。安全管理部门要协调各项安全管理活动，对偏离准则的现象进行监控，并根据反馈信息，采取纠正措施。

4.3.4.3 SMS 工具运行与关联

SMS 工具投入试运行后，除了检验其自身工具功能的适用性和有效外，还要根据需要与其他工具进行衔接、联网，以检验 SMS 工具之间的有效连接和使用。在 SMS 工具试运行中，领导小组和工作组应明确各级使用工具人员的职责权限，使用工具的各级人员要做好工具运行情况和缺陷的记录。

4.3.4.4 运行指导与培训

在试运行过程，各级领导和各部门的工作组、文件组成员要对本部门和员工进行现场指导，并且要对试运行过程进行检查和控制。对安全管理文件体系实施的现场指导有着非常重要的作用，它可以验证文件的有效性，保证文件的有效实施。

实施指导可以采取以下方法：

（1）岗位培训：当部门业务文件涉及的面很窄，涉及的人员也少时，要针对岗位进行具体操作的培训。

（2）演示：通过指导人员对某一项工作的亲自演示来对有关人员进行指导。适合于某些实施技能不便以正式的培训课程形式进行、仅通过讲课很难使人理解和掌握的情况下使用，如对 SMS 工具的使用与运行就可采用演示的方法进行指导和培训。

（3）案例分析：适合于某些工作量很大、操作步骤重复性很强的工作。

4.3.4.5 试运行内部审核

试运行阶段的内部审核（以下简称"内审"）是验证 SMS 建设要素符合性、充分性、适宜性和有效性的重要手段。内审是针对 SMS 的要素，包括文件、程序和工具是否全面、适宜，各相关工作和有关结果是否符合有关文件和局方要求，SMS 文件的各项规定是否得到了有效贯彻等内容进行的管理过程。在这一阶段，内审的重点主要是验证和确认 SMS 要素的符合性、适用性和有效性。

1．内审程序

应在内审程序中明确规定以下步骤：
① 策划审核（确定任务、目的、范围）；
② 准备审核（组成审核组、编制审核计划、检查表、准备现场审核记录不合格报告等工作表格）；
③ 现场审核（首次会议、现场收集客观证据、评价、末次会议）；

④ 编写审核报告；
⑤ 进行现场整改，制定并实施纠正措施；
⑥ 纠正措施跟踪验证；
⑦ 编制年度SMS情况汇总分析报告。

2．内审的实施

内审的特点在于其客观性、系统性和独立性。内审分为文件审核和现场审核两个阶段：文件审核是评价空管单位编写的安全管理体系手册、程序文件是否符局方SMS"建设要求"和安全目标的需要，属于"文文相符"和SMS"系统性和全面性"的审核；现场审核是评价现场的运行是否符合局方SMS"建设要求"，安全管理体系手册和程序文件等有关文件的规定是否得到有效的执行，执行的效率如何；还有就是SMS工具使用效果的审核，属于"文实相符"和SMS"有效性和效率性"的审核。

内审内容一般包括：

① 规定的安全政策和安全目标是否可行；
② SMS文件的完整性，对局方SMS"建设要求"的符合性；
③ SMS要素的全面性、有效性和效率性是否符合体系的要求；
④ 体系文件、程序与工具是否覆盖了影响空管运行的所有工作，各文件程序与工具之间的接口是否清楚；
⑤ SMS作为一个工具箱，包含的工具是否全面、充分和有效；
⑥ 组织结构能否满足SMS运行的需要，是否与所进行的活动适宜，各部门、各岗位的安全职责是否明确；
⑦ 有关程序、规范、手册的执行情况；
⑧ 人员、设备和器材的适宜情况；
⑨ 所有员工是否养成了按体系文件、程序操作或工作的习惯，执行情况如何。

具体评审内容按照内审小组制定的《安全管理体系内部审核检查表》。内部评审过程中按照该检查表的检查项目逐一进行检查，并做好记录。

内部审核可采用以下方式进行：

① 听取汇报；
② 查阅文件和台账记录；
③ 现场检查；
④ 座谈访问。

3．内审的注意事项

在内审过程中，需要注意的事项有：

① 为使问题尽可能地在试运行阶段暴露无遗，除组织审核组进行正式审核外，还应有广大员工的参与，鼓励他们通过试运行的实践，发现和提出问题；
② 组织第一次内审。由具备内审资格的人员组成内审组，由管理者代表指定内审

组长。内审组长负责编制内审计划，组织实施内审。一般来说，试运行满一个月后，可进行第一次内审。以 SMS 管理手册、程序文件和其他工作文件（第三层文件）作为审核依据。内审组长指定内审员分工编写安全管理体系检查表（对照局方审核要素），或按过程方法编制，或按部门方法编制。

③ 内审后采取纠正措施。内审时要做好不合格项的事实描述，逐项填写不合格报告。内审后由安管部作一次内审综述报告。被审核部门确认不合格事实后，须采取纠正措施；纠正措施要经管理者代表审批，纠正措施的落实及不合格项的整改情况须由内审员验证。内审后，整改期为 10~15 天。

④ 组织第二次内审（必要时）。第一次内审后纠正措施整改完毕、试运行满二个月后，可进行第二次内审。内审工作要求与第一次内审活动相同，有条件单位可以邀请局方监管人员共同进行。

⑤ 内审后再次采取纠正措施。活动要求与上述第一次内审后的工作相同。第二次内审将为管理评审和认证审核做好准备。

⑥ 在内部审核的基础上，由空管单位的主要领导组织一次管理评审。

4.3.4.6 试运行管理评审

1．试运行管理评审的时机

管理评审是空管单位的主要领导适时地评价本单位的 SMS 的持续的适宜性、充分性、有效性和效率。通常体系正常运行后，管理评审在每年年底进行，即年底的工作总结、形势分析暨下一年工作研究、布置。在试运行一段时间（通常试运行 3~6 个月后）并经过内审后，也应当进行一次试运行管理评审。经过 2 次（一次效果好也行）的内审后，由空管单位最高管理者主持召开管理评审会议，局领导、安委会成员及各部门领导参加，对安全管理部门工作进行总体评价，着重评价本单位安全方针、安全目标和安全管理体系的现状的持续适宜性、充分性和有效性。

2．管理评审的形式

管理评审的形式多以会议的形式，有时是多次会议。但是，现行的这些会议与局方 SMS "建设要求" 的要求相比可能存在会议内容或会议结果方面的欠缺，只要对照局方 SMS "建设要求" 中管理评审的要求进行补充完善即可。不应错误地将管理评审理解为在原有的工作会照常召开的同时，再专门增开一个 "管理评审会"。

3．评审时间安排

评审从准备到实施及后续跟踪各阶段的时间、日程安排应在计划中确定。

① 预备会议时间：召开评审组及工作人员预备会议，一般 2~4 小时；

② 资料准备阶段：可能需安排 1 周左右时间，也可适当延长；

③ 资料整理、打印、发放阶段：视具体情况定；

④ 评审资料初审时间：视工作情况及需要初审资料的多少适当安排；

⑤ 正式评审：如是集中会议形式，一般以不超过 1 天为宜，必要时可视需要安排；
⑥ 评审结论及报告：一般 2~3 天内可完成；
⑦ 评审后续活动：视情况定，除非有重大决议事项，一般不宜过长。

4．管理评审的内容与资料准备

管理评审应包括以下主要内容：
① 单位的安全政策、目标的实现情况；
② 各项空管服务（空中交通服务、航空情报服务、通信导航监视服务及航空气象服务）及各部门的安全目标完成情况、趋势及工作能力分析；
③ 内审及纠正措施完成情况及有效性的评价，以及对薄弱环节的专门措施；
④ 本单位组织结构和资源的适应性；
⑤ 安全计划的执行情况；
⑥ 进一步改进、完善 SMS 的意见。

由于管理评审是空管单位的主要领导主持安全管理的一项重要的、具体的活动，因此要充分利用管理评审的机会，解决一些单位质量管理的重大问题，这些问题是各职能部门不能或不易独立解决的。在准备材料和起草报告时要注意突出需要主要领导决策的重点问题，切勿以无关紧要的小事干扰空管单位的主要领导视线。

5．管理评审后的工作

管理评审后的工作内容包括：
① 形成管理评审报告（也可称为会议决议或会议纪要）：管理评审报告中应包括管理评审会上做出的评价、结论、要求、决议等有关评审输出内容；
② 管理评审报告应在空管单位内部进行充分传达和沟通；
③ 应跟踪改进措施实施的效果；
④ 将本次管理评审的结论及改进措施效果提交下次管理评审。

4.3.4.7 SMS 调整和完善

内审和管理评审可以帮助发现 SMS 实施中不符合局方 SMS"建设要求"或操作性不强之处，因此，对体系的调整和完善上一方面应纠正体系中的不符合之处，另一方面要修改相关文件。

4.3.4.8 体系建设外部评审

向局方提交 SMS 评审和认证申请。按照要求提出申请和提交安全管理手册，进行文件审核。按照局方的 SMS 评审计划和要求配合局方完成本单位的 SMS 评审。

4.3.4.9 SMS 正式运行

试运行过程中，通过日常正常信息反馈渠道及内审反馈上来的信息，由 SMS 领导小组组织 SMS 工作小组研究有关问题，提出解决方案；局部的小问题可由空管单位有关领导批准后，由文件组修订相关文件，并进行有关培训。

在经过一段时间（通常 3 个月以上）的试运行后，通过召开管理评审会的方式综合评估 SMS 运行情况，调整相关政策、组织、资源等。申请并通过局方 SMS 评审和认证后，最后确定《安全管理体系手册》的正式版，以空管单位的主要领导令的形式发布实施，全面正式进入 SMS 正式运行阶段。

SMS 正式运行后，《安全管理体系手册》就成为空管单位安全管理的纲领性文件和规章，全体员工必须严格遵守、执行。空管单位的各相关工作也应纳入体系管理轨道。此后任何影响到体系文件的命令发布后，均应立即或在命令发布的同时修改文件相关规定，做到文件与实际相符，在手册文件的再次修订前，仍应严格执行未修订手册文件要求。

4.3.4.10 资源需求

这一阶段的资源需求包括 SMS 试运行有关会议费用和人员费用。

4.4 本章小结

安全管理体系是一套安全管理工具和管理方法的整合。安全管理体系以现代三论为基础、以风险管理为核心，具有更加科学完整的理论基础。通过实施 SMS，努力适应现代化空中交通管理系统规模化、技术密集和高风险条件下的安全管理新要求，加快实现我国民航空中交通系统安全管理的全面升级，全面提供更加安全、高效和经济的空中交通服务，逐步满足国际民航组织的各项安全管理要求，持续改进和提高我国民航空管的安全保障水平。

安全管理体系建设与实施是一个系统工程，又是一个管理体系、管理方法逐步完善的过程。它包括四个阶段，即 SMS 策划和准备、SMS 手册与工具建设、SMS 试运行与正式运行和 SMS 持续改进和提高。

复习思考题

1. 简述安全管理体系的概念。
2. 简述安全管理方法的变革过程。
3. 简述实施安全管理体系的意义。
4. 简述空管行业安全管理体系的结构与内容。
5. 简述民航空管系统 SMS 的模块和要素有哪些？
6. 空管安全管理体系建设有哪些流程？

第 5 章 民航安全文化

5.1 安全文化的概念和内涵

5.1.1 安全文化及民航安全文化的概念

安全文化是人类文化的重要组成部分。安全文化在工业领域的实践和发展就成了企业的安全文化，与行政或管理工作相结合就成了安全文化或安全管理文化。把安全文化引入不同领域，为了人的身心安全（含健康）并使其能舒适、高效活动而创造的物质条件和精神状态，均可称为某领域的安全文化。

安全文化的概念是由国际核安全咨询组（INSAG）于 1986 年最早提出，1988 年在其《核电的基本原则》中将安全文化的概念作为一种重要的管理原则予以落实，并渗透到核电厂以及相关的核电保障领域。1991 年，INSAG 一份针对核电站的安全问题的报告给出了安全文化的定义：安全文化是存在于单位和个人中的种种素质和态度的总和，它建立一种超出一切之上的概念，即核电厂的安全问题由于它的重要性要保证得到应有的重视。

国际核安全咨询组关于安全文化的定义是一个理想化概念，没有强调能力和精通等必要成分，于是提出了修正定义："一个单位的安全文化是个人和集体的价值观点、态度、想法、能力和行为方式的综合产物，它取决于保健安全管理上的承诺、工作作风和精通程度。

美国职业安全与健康局对安全文化的定义是：安全文化是一个企业或部门所认同的信念、行为方式和态度，它是通过人们的信念、态度及其所形成的行为方式的一种文化氛围。上述三种对于安全文化的认识，是目前世界上对安全文化具有代表性的界定，影响着世界各国对安全文化的界定与认识。在国内，不少专家学者也对安全文化进行了概念界定。曹琦是国内最早对安全文化概念进行界定的，而徐德蜀、罗云的界定比较具有代表性。

西南交通大学曹琦教授把安全文化界定为：安全文化是安全价值观和安全行为准则的总和。中国地质大学罗云教授把安全文化界定为：安全文化是人类安全活动所创造的安全生产、安全生活的精神、观念、行为与物态的总和。中国劳保科技学会副秘书长徐德蜀研究员把安全文化界定为：安全文化是在人类生存、繁衍和发展的历程中，在其从事生产、生活乃至实践的一切领域内，为保障人类身心安全（含健康）并使其能安全、舒适、高效地从事一切活动，预防、避免、控制和消除意外事故和灾害（自然的、人为的）；为建立起安全、可靠、和谐、协调的环境和匹配运行的安全体系；为使人类变得更加安全、康乐、长寿，使世界变得友爱、和平、繁荣而创造的安全物质财富和安全精神财富的总和。

上述安全文化概念界定的主要不同点在于外延不同，广义的安全文化是指人类安全活动创造的安全生产和安全生活的观念、环境和条件等成果之总和。狭义的安全文化是专指围绕安全生产中人这个主体所产生的人文因素和人文环境的研究、控制成果。我国更多是采用广义的定义，而西方更多是采用狭义的定义。

综合上述观念并基于对文化概念的理解，把安全文化界定为：安全文化是人类在生产、生活中为保护身心安全与财产安全所创造的安全生产、安全生活的思想观念与行为方式的总和。

安全文化是现代安全管理的支点。现代安全管理就是对于现代市场经济体制下的工业社会安全管理。实行现代安全管理的两个主要杠杆是法治约束和经济约束，这两个杠杆必须以安全文化作为支点才能充分发挥作用，实行法治首先必须使被治者具备现代安全法律指导和守法意识，就是说必须通晓和认同以统一的安全价值观为基础制定的安全行为规范；实行经济手段约束（即奖惩机制），也必须具有以安全价值观作为基础的安全行为判别标准及主动承担经济风险的意识。显然，没有安全文化这个支点这两个杠杆的功能难以得到有效的发挥。

因此，空管安全文化是一种客观需要而不是对文化概念的庸俗化拓展。从安全行为管理本身来看，随着生产的发展，其已经不仅是简单的调动劳动者与劳动工具之间的关系，而是更多地调动劳动者之间的关系，进而发展成为一种文化现象；同时，安全文化不是一个抽象空洞的概念，而是一个可以量化的具有可操作性的管理手段。虽然空管安全文化的内涵并没有超出现有的安全意识形态的范畴，但推行安全文化仍具有重要的意义。

民航安全文化是安全文化的亚文化，其概念、特性既具有安全文化的共性，又因民航安全生产的行业特殊性而具有不同于普通安全文化的一些特性。

民航运输业对安全文化的关注，源于 1991 年美国洲际快递航空公司 2574 号飞机在休斯敦鹰湖附近坠机所发生的空难，此次空难后美国国家安全委员会的一位委员指出该次事故的可能原因包括"航空公司管理层没有能够建立安全文化"。之后，"安全文化"成为美国国家交通运输安全会议上最显眼的一个主题。

就民航安全文化的概念，也有不少研究者进行过界定。民航安全领域的研究权威 Merrit 和 Helmreich 认为：安全文化是个体和自己所在团体里的成员在安全生产上共同分享的特定的价值观、信仰、礼仪、符号和行为，这些共有特征尤其在和另外一个群体作比较时表现出来。美国的 Eiff 认为安全文化是：安全文化存在于一个组织内部，在这个组织里，不管员工的职位如何，在预防事故发生时采取了行动，这个行动就应该被组织支持。美国的道格拉斯·韦格曼等人认为，安全文化是由一个组织的各个层次、各个群体中的每个人员所长期保持的，对员工安全和公众安全的价值及优先性的认识。它涉及每个人对安全承担的责任，保持、加强和交流对安全关注的行动，主动从失误的教训中学习、调整和修正个人和组织的行为，并且从坚持这些有价值的行为模式中获得奖励等方面的程度。

国内也有不少专家学者对民航安全文化进行了概念界定。刘少成认为，安全文化是人们在长期实践中所创造的有关保障航空运输安全的物质财富和精神财富的总和。王照明认为，民航安全文化是企业文化的一部分，是在企业长期生产实践中创造和形成的，由高层管理者负责营造和培养。因此，它具有企业特色精神，是企业文化的核心内容，包括安全价值观念、道德标准、员工素质与行为规范，以及蕴含在企业制度、企业形象和企业产品之中的文化特色，其中，安全价值观又是安全文化的核心内容。

王麒认为，航空公司的安全文化是安全的理念和政策在组织内得到重视、沟通、理解并执行的一种状态，它以安全第一、生命至上为核心价值观，通过建立一系列制度、规章、条约，规制员工的态度、意识和行为特征，使公司在围绕提供航空位移服务的工作运转中，将内部人员、顾客及一般公众暴露于危险或有可能造成伤害的条件减少到最低限度。

赵晓妮认为，民航安全文化是航空组织和其成员所特有的共同特征的集合，通过内在的信仰、价值标准、意会以及外在的规范、仪式、标志和行为模式体现出来。

上述观点，从不同的角度与层次对民航安全文化进行了探讨，除刘少成的观点外，大部分人还是从精神层面、从狭义的角度去理解民航安全文化，但上述不少概念的表述冗杂而不简洁。

在这里，我们认为航空安全文化是指民航人员（决策层、管理层、个体）安全价值观和安全行为准则的总和，又是安全行为规范和思维方式的标准。安全文化是实现安全管理体系运行的基础，对安全生产起到重要的促进作用。建立良好的安全文化，能激发人的能动性，提高员工的安全意识，把安全当作一种习惯，实现全员参与安全管理和安全观念转变的目的。

5.1.2 安全文化及民航安全文化的内涵

安全文化的内涵包含：一是物质文化，是人的物质生产活动及其产品的总和，构成整个文化创造的基础；二是制度文化，是指人们在社会实践过程中缔造的社会关系以及用于调整这些关系的规范体系；三是行为文化，是人们在交往过程中约定俗成的习惯性定势构成的具有鲜明民族或地域特色、行业特色的行为模式；四是精神文化，是指人们的精神生活方式和意识形态。

物质文化（Material Culture）、社会文化（Society Culture）、精神文化（Spiritual Culture）三者之间的联系为物质文化是社会文化和精神文化的物化表现。社会文化是人们在物质生产活动和生活活动中所结成的各种社会关系中起作用的文化。精神文化体现了一个民族的素质和文明程度，是最高层次的文化。

综合前文对安全文化内涵的阐述，应从以下几个方面去认识民航安全文化的内涵：

（1）民航安全文化是一种亚文化，本质上属于精神范畴，是思想观念与行为方式的集合。

（2）民航安全文化是民航安全生产领域的行业文化，其核心价值在于保护生命安全与财产安全。

（3）民航安全文化的创造者与拥有者是民航各级组织与从业人员，是这一特定主体共同创造的、所独有的文化。

（4）民航安全文化是一种群体的思想意识与行为方式，在一定组织或群体中得到普遍推崇、蔚然成风，而非个别现象。

（5）民航安全文化的表现方式主要有两种：一种是主观的、无形的，存在于人们头脑中的思想观念和安全生产中的行为方式；一种是客观化形式，即被人们用文字或图像等表述出来的思想观念，用制度规范表述出来的行为方式。

（6）民航安全文化是一种比较稳定的思想观念与行为方式，是在一定时期内长期保持的思想意识、思维定势和行为定式。基于上述分析，简而言之，民航安全文化就是民航各级组织和从业人员在民航安全生产中为保护身心安全与财产安全所创造的、得到普遍响应并蔚然成风的安全生产的思想观念和行为方式。

民航安全文化不是一成不变，而是随着社会进步、经济发展和行业发展而不断发展变化。变革，是民航安全文化发展的永恒动力。只有不断地做出变革，民航安全文化才能不断焕发生机、充满活力，得到更好发展。

民航安全文化应是民航各级组织和从业人员在民航安全生产中为保护身心安全与财产安全所创造、得到普遍响应并蔚然成风的安全生产的思想观念和行为方式，具有鲜明的人本性、时代性、系统性、塑造性、创造性和实践性。

总之，安全文化是行业的灵魂，是推动行业不断向前发展的力量源泉，是企业安全生产工作的前提保障。安全生产工作是一项持久性的、无定性的工作，只有常抓不懈，才能保障国家、行业和个人财产安全，促进社会和行业的持续发展。

建设安全文化对于提升行业的安全形象、创造并保持行业竞争优势具有非常重要的意义。

5.2 安全文化的组成和特征

5.2.1 文化因素

文化影响着我们与其他各种社会团体成员共享的价值观、信念和行为。文化将我们作为团体成员结合在一起，并提示我们在正常和非正常情况下该如何规范自己的行为。有人将文化视为"思想的集体编程"。文化是复杂的社会推动力，它确定了游戏规则或所有我们人际间相互作用的框架。它是在特定社会环境中人们处理事情的方式的综合体现。文化提供了事情发生的环境。对于安全管理而言，充分理解这一称为文化的环境是人的行为能力及其局限性的重要决定因素。

西方世界的管理方法通常建立在不带情感色彩的合理性的基础之上，据认为，这种合理性是以"科学"为基础的。它假设工作场所中的人文文化与在实际生活中通用的物理学和工程学规律类似。这种假设反映出西方文化的偏见。

航空安全必须是没有国界的，包括超越各国的所有文化形式。在全球范围内，航空业在航空器类型、国家和人员方面已经实现了高水平的标准化。然而，不难发现人们在相似情况下做出反应的差异。航空业的人们相互作用（L-L 界面）时，其处理事务的方式受到其文化背景差异的影响。不同文化处理同样问题的方式有所不同。

组织对于文化影响并无免疫力。组织行为在每一层面上都会受这些影响的左右。下列三个文化层面均与安全管理举措相关：

1．国家文化

承认和识别特定国家的国家特征和价值取向。例如不同国籍的人在对于权力的反应、在如何处理不确定性和不明确性以及在如何表现其个性方面有所不同。他们并不都以相同的方式适合团体（团队或组织）的集体需求。在集体主义文化中，人们接受不平等地位，服从于领导者。这种因素可能会影响个人对决策或行动提出质疑的意愿——这在机组资源管理中是一个非常重要的考虑事项。将具有不同文化背景的员工混在一起分配工作，也可能由于出现误解而影响到团队工作状况。

2．职业文化

承认和识别特定职业团体的行为方式和特征（如飞行员的典型行为与空中交通管制员或航空器维修工程师的典型行为）。经过人事遴选、教育、培训和在职实践后，职业人员（如医生、律师、飞行员、空中交通管制员）往往具有与其同业者一致的价值取向和行为方式；他们学着以类似的方式"走路和谈话"。他们一般都以其职业为荣，并且力求做得最好。而另一方面，他们通常感到自己坚不可摧，例如他们认为自己的行为能力不会受到个人问题的影响，认为自己在高压力情况下也不会出错。

3．组织文化

承认和识别特定组织的行为方式和价值取向（如此公司成员与彼公司成员的行为方式和价值取向，或者国家部门与私人部门的行为方式和价值取向）。组织为国家文化和职业文化提供了外壳。例如某个航空公司的飞行员可能具有不同的职业背景（如军航与民航，偏僻地区或短途运行与大型承运人运行经历），由于公司合并或者裁员，他们也可能具有不同的组织文化。

通常情况下，航空业中的人员会有归属感，他们所在的组织的价值观会影响其日常行为。组织是否赏罚分明？是否倡导个人创造性？是否鼓励冒险精神？是否容忍违反标准操作程序？是否倡导公开的双向交流？因此，组织对员工行为具有决定性影响。营造和培养安全文化的最大领域是在组织层面上。这通常被称为企业安全文化，有关内容将在后面进一步讨论。

上述三种文化系决定着很多行为方式，例如年少者如何与年长者相处、信息如何共享、人员如何应对压力、如何利用特定技术、如何按上级旨意行事、组织如何处理人为差错（如惩罚犯错的人或从中吸取教训）。文化是一个在如下诸方面起作用的因素：如何应用自动化；如何制定程序（标准操作程序）；如何准备、提交与接收文件；如何开展和进行培训；如何分配工作；飞行员与空中交通管制（ATC）之间的相互关系；与工会的关系等。换句话说，文化实质上影响着各种类型的人际交往。另外，文化因素也渗透到了设备和工具的设计中。技术可能看上去没有文化倾向，但是它会影响制造商的偏好（请看世界上大多数计算机软件中反映出的对英语的偏好）。然而，文化没有对错，每种文化均有其自身特点，有优点也有缺点。

5.2.2　企业安全文化

从上文中可以看出，诸多因素形成工作场所中人的行为的环境。通过制订行为规范和限制，组织或企业文化为工作场所中可接受的人的行为设定了界限。因此，组织或企业文化为管理者和雇员决策提供了基础——"我们这里就是这样做事情的！"

安全文化是企业文化的一种自然产物。企业对于安全的态度影响着其员工对安全的共同做法。安全文化由共同的信念、做法和态度构成。安全文化的基调靠高层管理者的言行来确定和培养。所以说，企业安全文化是一种由使其员工形成对安全的态度的管理者营造的气氛。

安全文化受到下列因素的影响：
① 管理者的行动和优先事项；
② 政策和程序；
③ 监督措施；
④ 安全计划和目标；
⑤ 对不安全行为做出的反应；
⑥ 对雇员的培训和激励；
⑦ 雇员的参与或"买账"。

最终的安全责任落在组织的董事和管理者肩上——不论是航空公司、服务提供者（如机场和空中交通服务部门），还是批准的维修组织（AMO）。一个组织的安全特质从一开始就由高层管理者接受安全运营和风险管理责任的程度而确定了下来。

一线管理者如何处理日常活动对营造一种良好的安全文化至关重要。他们是否正在从实际业务经验中汲取正确的教训并在采取适当的行动？有关员工是否建设性地参与这一过程？或者他们是否感到他们是管理者单边行动的牺牲品？

一线管理者与管理当局代表的关系也可表明是否具有良好的安全文化。这种关系应以职业性的礼貌为特点，但要保持足够的距离，以免影响问责制的实行。坦诚可以使双方安全问题进行更好的交流，而不是严格地强制执行规章。前一种方法鼓励建设性对话，后一种方法则怂恿掩盖或忽视真正的安全问题。

1. 积极的安全文化

尽管遵守安全规章对于安全至关重要，但当代思想认为这是远远不够的。仅仅遵守安全规章规定的最低标准的组织，并不能很好地识别所出现的安全问题。

保证安全运营的有效方法是确保经营人具有积极的安全文化。简而言之，就是所有员工必须对其所做的一切在安全方面产生的影响负责，并考虑这一影响。这种思想方式必须根深蒂固，真正形成一种"文化"。所有的决策（例如不论是由董事会做出的，还是由停机坪上的车辆驾驶员或由航空器维修工程师做出的），都必须考虑其对安全的影响。

积极的安全文化必须"自上而下"产生，并依赖于员工和管理者之间高度的信任和尊重。员工必须相信他们所做出的每项有利于安全的决策都会得到支持。他们也必须清楚，危及运营的故意破坏安全的行为是不可容忍的。

安全文化与安全管理体系的其他方面之间也有很大程度的相互依存性。积极的安全文化对于安全管理体系的有效运作是必不可少的。然而，组织文化的形成还依赖于正式安全管理体系的存在。因此，一个组织不应等到已经建立起理想的安全文化后，才引入安全管理体系。安全文化将会随着安全管理的开展和安全管理经验的增加而形成。

2. 积极的安全文化的标志

积极的安全文化应体现下列特征：

（1）高层管理者高度强调安全，将其作为风险控制（即将损失最小化）策略的一部分。

（2）决策者与运行人员实事求是地看待组织活动中涉及的短期与长期危险。

（3）高层管理者：

① 营造一种积极对待组织下层人员就安全问题提出的批评、意见和反馈的气氛；

② 不利用自己的权势把自己的观点强加给下属；

③ 采取措施控制已查明的安全缺陷造成的后果。

（4）高层管理者促成一种无惩罚的工作环境；某些组织使用"正义文化"一词，而不是无惩罚。正如下面④所讨论的，无惩罚并不意味着完全豁免。

（5）认识到在组织中的各个层次交流安全相关信息的重要性（包括内部交流和与外部实体的交流）。

（6）具备有关危险、安全和造成损害的潜在源的切实可行的规则。

（7）人员经过了充分的培训，并且了解不安全行为的后果。

（8）冒险行为的发生率低，并有不鼓励这种行为的安全道德标准。

积极的安全文化通常就是：

① 知情文化——管理者提倡一种员工了解其工作领域固有危险和风险的文化。向员工提供安全地工作所必需的知识、技能和工作经验，鼓励他们识别对其安全构成的威胁并寻求消除这些威胁的必要变革。

② 学习文化——学习被认为不仅限于要求进行初步的技能培训；而被视为是一辈子的事情。鼓励员工发展和应用自己的技能和知识来加强组织的安全。管理者随时向员工通报安全问题的最新情况，并将安全报告反馈给员工，使得每个员工都能够吸取相关的安全教训。

③ 报告文化——管理者与运行人员自由交流重要安全信息，而不必担心受到惩罚。这即为通常所说的营造一种企业报告文化。每当意识到危险或安全问题时，员工都能够如实上报，而不必担心会受到制裁或遭遇麻烦。

④ 正义文化——虽然无惩罚环境是良好的报告文化的基本条件，但是员工必须清楚哪种行为是可以接受的、哪种行为是不可以接受的并达成共识。而对于疏忽或者故意违规是管理者不能容忍的（即使在无惩罚的环境中）。正义文化承认，在某些情况下可能会需要采取惩罚措施，并努力划清可接受与不可接受的行为或活动之间的界限。

表 5.1 总结了企业对安全问题的三种回应，从不良的安全文化到漠不关心（或官僚主义）的态度（仅满足最低限度的可接受要求），直到标准的积极的安全文化。

表 5.1 不同安全文化的特征

安全文化特征：	不良的	官僚主义的	积极的
危险信息	压制	忽视	积极寻找
安全信息提供者	不鼓励或者予以惩罚	容忍	培训与鼓励
安全责任	规避	分散	共担
安全信息传播	不鼓励	允许但不鼓励	奖励
故障后	掩盖	局部解决	调查及系统改革
新思想	打压	视为新问题（而不是机会）	欢迎

3．过失和惩罚

当调查找出事件起因后，是谁"引起"的事件通常显而易见了。传统上讲，这时就可以追究责任（和给予惩罚）了。尽管各国的法律环境相差甚远，但许多国家仍将调查的重点放在确定过失与分摊责任上。对于这样的国家，惩罚仍是其主要的安全工具。

从哲学上讲，惩罚从若干角度看具有吸引力，例如：
① 对失信者进行惩罚；
② 保护社会不受惯犯的侵害；
③ 改变个体行为；
④ 以儆效尤。

当有人故意违反"规则"时，惩罚也许是有作用的。可以认为，这种制裁对违规者（或类似情况中的其他人）可能具有威慑力。

如果事故是由于判断错误或技术差错导致的，那么对这种差错进行惩罚几乎是不能起到有效作用的。可以对人员选择或培训过程进行改进，或者可以使系统更能够承受这种差错。如果这种情况下选择进行惩罚，则几乎肯定会有两种结果。首先，不会再有人报告这类差错。其次，由于没有对改变这种情况采取任何措施，同类事故可能再次发生。

也许，社会需要使用惩罚措施以维持公正。然而，世界各国的经验告诉我们：惩罚对安全具有的系统价值即便有，也微乎其微。除了玩忽职守，故意违反规范的情况外，从安全的角度看，惩罚是没有多少作用的。

在国际航空界的很多方面，对于惩罚的作用有了一种更加开明的看法。从一定意义上讲，这种情况是伴随着对人为差错（而不是违规）的起因越来越多的了解而出现的。差错现在被看作是某些情况或环境的结果，而不一定是起因。因此，管理者开始查找造成这些差错的不安全状况。他们开始发现对组织弱点和安全缺陷进行系统的识别比惩罚个人对安全管理更有成效（这并不是说这些开明的组织不需要对那些经过劝告和/或额外培训后却未能获得提高的员工采取措施。）

5.3 安全文化的积淀与形成

企业安全文化是企业文化的重要组成部分。它是按照企业文化发展的主导思想，在其发展的总目标和总规划中，创建企业安全生产形象，塑造企业的安全生产奋斗精神；在生产经营过程中，处处时时贯彻和执行"安全第一，预防为主"的方针，保护职工身心安全与健康；经过塑造、培育、创建并形成的一种为职工接受的、符合时代潮流的、全新的安全文化模式，寻求和建立企业安全生产工作的一种新机制。

因此，企业安全文化与企业各层次的员工融于一体，也体现了企业安全文化与企业各项工作的融合，通过全员各层次，群体及个人的安全生产及其经营活动的实践和创新，通过员工不断结合，不断实践，不断提炼，形成了企业员工（层次）安全文化，这种群体安全文化，包含了企业生产经营活动各领域和全过程的安全文化活动与实践，以及企业员工与安全文化的融合，以此改善企业的人文环境，树立科学的人生观和安全价值观，在建立和突出员工的安全的意识、思维、态度、理念、精神的基础上，形成企业安全文化的氛围和人文背景。

民航安全文化是企业文化的一部分，是在企业长期生产实践中创造和形成的，由高层管理者负责营造和培养。而空管安全文化是空管系统在长期工作实践中积淀下来的文化氛围、精神力量和广大员工认同的规章制度和道德行为规范。安全文化可以通过其自身的规律和运行机制，创造其特殊形象及活动模式，形成宜人和谐的安全文化氛围，教育、引导、培养、塑造人的安全人生观、安全价值观，树立科学的安全态度，制订安全行为准则和正确规范的安全生产、生活方式，就可以将民航空管企业推向安全目标发展。

作为空管单位，要树立安全文化这一实现安全管理的灵魂，以全体职工为对象，加强民航空管全员安全思想观念教育，要以多种方式进行长期反复的思想、态度、责任、价值观等意识形态宣传教育。通过宣传教育，一方面要使民航空管单位领导建立安全第一的哲学观、安全就是效益的经济观、预防为主的科学观、尊重职工的生命与健康的情感观；另一方面要使员工，即安全工作主体实施者，端正态度，正确对待安全，建立安全第一的观点，唤醒职工对安全的渴望，使其在内心深处真正的意会并烙印安全生产的理念，并形成安全习惯性行为，变"要我安全"为"我要安全"。

建设安全文化旨在弘扬与倡导一种新的安全理念和自觉安全行为习惯，依靠这种文化的积淀影响企业员工自觉形成一种心理上的安全制度防线，从心灵深处自发自觉地遵从安全规章制度，形成思想自管的"无形"管理模式，自觉形成不断增强的安全自律意识，安全自保意识，最终达到人人讲安全，事事讲安全，一切以安全为天，安全第一，生产第二的状态与环境。

安全文化与行政或管理工作相结合就成了安全工作文化或安全管理体制文化。在此，首先涉及如何积淀安全文化的问题，现代社会普遍认为搞好安全管理，使安全管理工作处于受控和在控状态，这就需要协调处理好影响安全的各方面因素之间的关系，需要统筹把握安全工作主题的"人"的行为和安全辅助体"物"的作用。为此，需要每一位员工要为自己树一面生命安全的镜子，在工作中时时照一下自己的行为，确保自己的工作在受控制与规范的范围之内，没有违章可能产生的偏差。民航空管企业安全文化应是民航空管企业文化最重要的组成部分并与其他文化协调存在，协调发展。而安全文化更应该包含如下几个要素：

信任文化，或者叫诚信文化、沟通文化，因为没有良好的沟通，就没有互相的信任，没有信任就没有共事的基本条件，这是持续安全的心态基础。

责任文化，强调每个岗位每个人的责任，人尽其责是组织基础。但同时每个岗位每个人的责任权利要匹配，不能只有责任而无对应的资源支持。

公正文化，安全管理是全员的，全过程的，不仅仅是领导者的事，只有感觉到（相对）公正了，群众才有参与的热情，才能集大家的智慧办好事。持续的改进才有群众基础。公正文化需要结合自愿报告系统以及主动报告减免责的推行来建立，大量的主动报告信息使得风险识别和缓解有了数据基础，真正实现了安全管理从拍脑袋决策到科学决策。

安全文化素质的形成，虽然还受到社会环境等因素的影响，但从根本上说是离不开安全教育的，即通过安全教育，可以形成人们对安全的认识和观念；通过安全教育，可以改变人们对从事各种安全活动的理解和态度，从而使人们的行为更加符合安全规范的普遍要求。正是从这个意义上说，安全教育进行得如何是人们形成一定安全文化素质的决定性因素。

所以，一方面应当加大安全教育的力度，采用丰富多彩的形式和现代化教学手段，使安全教育工作生动、高效；另一方面应特别加强职工的主动参与性，鼓励自学，使"要我安全"变"我要安全"，让接受安全教育成为职工发自内心的要求，从而形成职工主动关心民航安全的氛围。

5.4 本章小结

安全文化是人类在生产、生活中为保护身心安全与财产安全所创造的安全生产、安全生活的思想观念与行为方式的总和。组织对于文化影响并无免疫力。组织行为在每一层面上都会受这些影响的左右。这些层面包括国家文化、职业文化、组织文化。企业安全文化是一种由使其员工形成对安全的态度的管理者营造的气氛。

保证安全运营的有效方法是确保经营人具有积极的安全文化。积极的安全文化必须"自上而下"产生，并依赖于员工和管理者之间高度的信任和尊重。当事故发生之后，目前大多数国家仍是以惩罚来作为主要的安全工具，尽管从安全的角度看，惩罚是没有多大作用的。

对安全的追求是不间断的。这种追求因人而异，广泛存在于人们的实际生活中，成了与人们的职业相关，能影响职业行为又并非职业行为的一种无形的力量，这也是安全意识的表现，安全文化的积淀。

复习思考题

1. 广义的安全文化包含哪几个层面？
2. 简述民航界对于民航安全文化较为标准的定义。
3. 简述民航安全文化的内涵。
4. 简述不同安全文化的特征。
5. 试述如何积淀与形成积极的安全文化？

第6章 风险管理

6.1 风险管理概述

6.1.1 风险管理的起源及发展

风险管理是兴起于20世纪30年代西方工业化国家的一门新兴学科，最初主要表现为保险型风险管理。在50年代得到了推广并受到了普遍重视，70年代以后，英法等欧洲国家的风险管理均由保险型风险管理逐渐发展为经营型的风险管理，此后迅速发展并形成系统化的管理科学。在1986年美国风险与保险管理协会年会上，与会的各国专家学者讨论并通过了"101条风险管理准则"，作为各国风险管理的一般原则在全球普及，这标志着风险管理水平达到一个新的高度。

目前，风险管理已成为一门跨越自然科学和社会科学的综合学科，它不仅同地质学、生态学、气象学相关，而且与系统工程学、行为科学有密切的联系，是一种包含多类学科的综合经济管理。

因此，在经济领域，风险管理的概念是经济单位和个人在对风险进行识别、预测、评价的基础之上，优化各种风险处理技术，以一定的风险处理成本达到有效的控制和处理风险的过程。该学科的产生和发展，为减轻或消除经济活动的损失提供了很好的理论。

在航空领域，随着飞机制造技术的进步，飞机的可靠性越来越高。自1959年以来，世界范围内的民用航空运输飞行事故率基本呈下降状态，每百万次起飞的年事故率由1959年的百万分之二十七，到1964年已下降至百万分之五以下。从1967年至今，保持了比较低的事故率，每百万次起飞事故率在1.5~3.0之间。但是，上述数字仅仅是事故率而不是事故次数。由于全世界航空公司的航班量在不断地增长，专家预测即使继续保持目前的低事故率，到2010年也将有成倍数量的事故发生，这是目前民用航空运输业面临的严重问题。因此，研究寻找降低事故率的有效方法已成为国际航空界的首要任务。

空中交通管理虽然和经济活动没有直接的关联，但风险管理的理论却对空中交通管理系统具有很好的指导作用。并非所有的风险都能被排除，也不是所有可能的风险缓解措施在经济上都可行。而航空中的风险管理是指固有的风险和成本要求有一个合理的决策过程，每天都要实时地做出决定，权衡风险不利后果发生的可能性及严重性与接受风险后的预期利益之间的关系这样的一个过程。对一个因航空安全的需求而诞生且与安全不确定性相伴而行的行业而言，风险管理——风险控制和事故预防的能力——是空中交通管理行业的核心管理能力。然而空管是一个社会因素、技术因素相互作用的复杂系统，风险管理从系统的角度隐藏着的一系列缺陷、偏差、惰性和名不符实，如何保持一份清醒的系统观，有效地通过数据信息的支持确定实际和潜在的风险危害，解缓风险和制订正确的纠错方案是势在必行的。

系统安全管理是一种条理化的安全管理方法，它是一种系统的、显性的、综合的安全风险管理过程，特别强调用系统的方法进行风险管理，从而使人员伤亡、财产损失、环境和社会的损失最小化。因此，可以说风险管理是现代系统安全管理的一把利器。

6.1.2 风险管理的定义

航空中固有的风险和成本要求有一个合理的决策过程。每天都要实时地做出决定，权衡风险不利后果发生的可能性及严重性与接受风险后的预期利得之间的关系。这个过程被称作"风险管理"。在国际民航组织《安全管理手册》（DOC9859 AN/460）中对风险管理定义如下：

风险管理是对危险及威胁到组织生存的后续风险进行识别、分析、评估和排除或将之降低到可接受或可承受的程度的过程。换句话说，风险管理有助于在所评估的风险和可行的风险缓解之间取得平衡。风险管理是安全管理的一个有机组成部分。

风险管理是一种主动管理技术，空中交通管理部门可以通过这种技术对设施、操作、任务、步骤和标准等进行评估，及时识别空中交通活动中存在的危险和潜在的风险，并通过改进导致不安全行为的程序、条件和其他的系统问题，排除风险或降低风险到系统可承受的水平。风险管理技术使空管部门的安全管理从辅助管理上升为核心管理，从被动的事后管理转变为事先预防性管理，这对于降低民用航空事故率，提高民用航空运输安全水平极为重要。

6.1.3 风险管理的流程

风险管理包括危险识别、风险评估和风险控制三个过程，它是主动控制安全的最有效方法。图6.1流程图概括了风险管理过程的大致情况。如图所示，风险管理包括三个基本要素：危险识别、风险评估和风险控制。

实际工作中并不是所有的风险都能一次性地消除或减小,而且在采取并不是所有相应措施之后可能还有新的风险,所以进行再识别、再评估很有必要。因此,风险管理过程要部分或全部地重复进行,通过不断地评估和采取措施,最终达到系统正常运行的最终目的。闭环管理、持续改进的风险管理流程如图 6.2 所示。

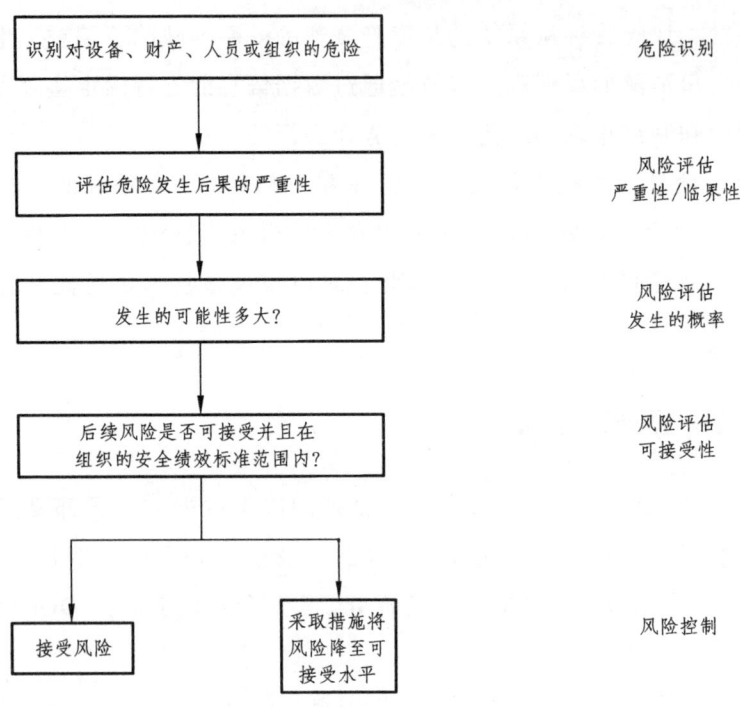

图 6.1　风险管理过程流程图

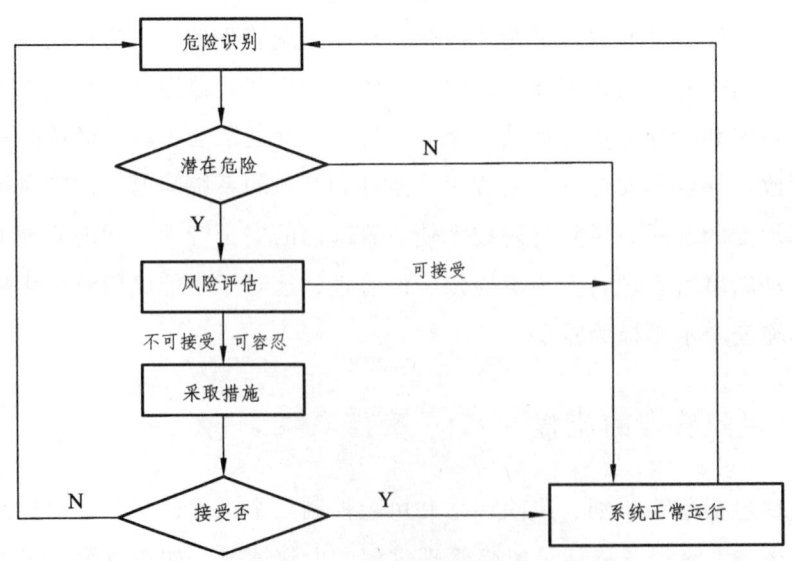

图 6.2　闭环管理的风险管理流程图

6.2 危险识别

6.2.1 危险识别的概念

危险识别是对可能影响安全的因素进行识别的过程。

通常危险识别是将危险、危害因素进行综合归纳，得出系统中存在哪些种类危险、危害因素及其分布状况的综合资料，继而确定危险、危害因素的内容及危害方式，特别是对可能导致重大事故的危险、危害因素要给予特别关注。

危险识别是风险管理工作中的重点，也是难点。但是，在民航风险管理实践的过程中，普遍存在理解不准确、识别方法缺少可操作性的问题，因此，如何结合民航空管的实际情况，正确地理解危险及危险源概念并对其准确的识别将是开展风险管理工作首要解决的问题。

6.2.2 危险的构成、分类及描述

危险源是有可能导致人员受到伤害、疾病或死亡，或者系统、设备或财产遭破坏或受损，或者环境受到破坏的任何现存的或潜在的状况或根源。危险源构成的三要素是潜在危险性、存在条件和触发因素：① 潜在危险性指一旦触发事故，可能带来的危害程度或损失大小，或者说危险源可能释放的能量强度或危险物质量的大小。② 存在条件是指危险源所处的物理、化学状态和约束条件状态。例如，物质的压力、温度、化学稳定性，盛装压力容器的坚固性，周围环境障碍物等情况。③ 触发因素虽然不属于危险源的固有属性，但它是危险源转化为事故的外因，每一类型的危险源都有相应的敏感触发因素。

美国联邦航空局将危险源定义为：任何可以导致人员伤害、疾病或死亡，造成系统、设备或财产损坏，或对环境造成损害的现有或潜在条件（美国联邦航空局，2006c）。这是一个条件，是事故征候或事故的一个先决条件，被称为不幸事件（mishap）。

美国系统安全学者 Ericson 提出危险（Hazard）由 3 个要素构成：危险源（Hazard Source，HS）、触发机制（Initiating Mechanism，IM）、威胁目标结果（Target and Threat Outcome，TTO），Ericson 还提出了危险三角形模型（如图 6.3 所示），该模型是由危险源（HS）、触发机制（IM）和威胁目标结果（TTO）所组成。其中危险源（HS）是指造成事故的根源，可能但一定导致事故，触发机制（IM）是指事故发生的触发或引发事件，是事故产生的促成因素，把潜在的危险状态转变为既成（事故）状态；威胁目标结果（TTO）是易受到和/或损毁的人或物，用于描述事故的严重程度，是危险的

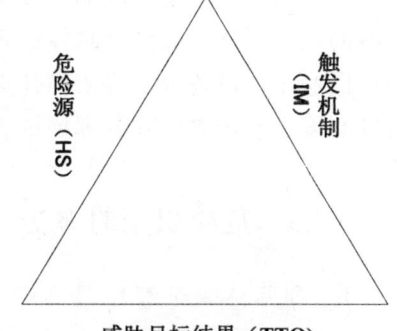

图 6.3 危险三角形模型

输出和预期伤害和损失的结果。

《民航空管系统危险源管理办法》（MD-TM-2014-001）规定管理的危险源范围包括空中交通管制、通信导航监视、航空气象和航空情报服务运行活动中，可能导致空管责任原因的航空器飞行事故、航空地面事故、航空器事故征候或其他不安全事件发生的危险源。在此管理办法中，危险源分为重大危险源和一般危险源。其中对空管安全运行保障影响较为严重、经风险控制后风险等级仍为可容忍或不可接受的危险源称为重大危险源。

危险源也可分为第一类危险源和第二类危险源。第一类危险源是系统中产生能量的能量源或拥有能量的能量载体，如转动的发动机、飞机的飞行、加热餐食的烤箱等，即可能导致危险发生的最直接的物体或状态。第二类危险源是可能导致航空运行防护措施失效或破坏的各种不安全因素，包括人、物、环境、管理等方面潜在的缺陷和问题。结合空管服务任务及其运行特点，空管运行中的危险源大多是第二类危险源。

目前对危险源的描述没有统一的规范，原则上只要用简明的语言把问题说清楚就行，本书结合空管运行危险源特点，尝试做如下描述规范：

第一类危险源的描述规范：这类危险源一是运行中设备物质本就有的危险特性，如毒品、化学物品；二是物质本身没有危险性，在一定条件下转化为危险源，可用"存在条件+名词词组"来描述，如放在雷达屏幕旁的水杯，甲醛超标的空气，过热的设备；三是用"能量源或能量载体+能量释放转化方式或造成的后果"描述，前半部分是指：能量源或能量载体，即产生、储存能量的设备、容器或场所。后半部分指这种能量源或能量载体其能量释放、转换的方式或造成的后果，如航空器油箱的泄漏等。

第二类危险源的描述规范：对第二类危险源的描述应要把握一点：就是最好不要把同类危险源一并描述，应尽量具体到每一项危险源点，比如，操作失误、设备缺陷、管理不善、环境不良等方式的描述，就过于笼统，就会使人摸不到头脑，不知所云，也就无所适从，这样的危险源辨识就失去了原来的意义，我们识别的目的就是为了更好的控制和防范可能或已存在的危险源，只有识别到具体的点才能对员工起到警示作用，也才能更好地控制危险源。比如环境的不良，可能有很多种情况，我们应具体指出：如光线不合适，烟雾弥漫，照明不足，阴影，耀眼；头部空间不足和现场杂乱；室内空气质量差；地面湿滑、不平；工作场所维护和清洁较差；噪音过高等都是可能存在的环境不良。应结合具体的现场情况识别到这种程度。操作失误应明确是什么样的错误操作；设备缺陷应明确什么设备的哪个部位存在缺陷；管理不善应明确是哪项管理制度、管理方法和管理措施存在问题等。

6.2.3 危险识别的方法

1. 国际民航组织

根据文件 ICAO SMM Doc9859AN474（第三版 2013）2.13.11 规定，识别危险有以下三种方法：

（1）反应式。此方法包含对以往结果或事件的分析。通过对安全事件的调查来识别、查明危险。

事故和事故征候是系统缺陷的明显指标，因此，可用于判定它们是促成该事件的危险，还是潜在的危险。

（2）主动式。这种方法包含对现有或实时状况的分析，是审计、评价工作人员的报告，以及相关分析和评估等这些安全保证功能的主要工作。这涉及在现有过程中积极查找危险。

（3）预测式。此方法包含数据收集，以便查明未来可能的负面结果或事件，分析系统的流程和环境，查明未来潜在的危险，启动缓解措施。

航空危险与职业安全、健康与环境（OSHE）危险之间的区别。

2．民航空中交通管理系统

空管系统各单位应从人为因素、软件、硬件、工作环境和组织管理等方面，分析各种可能影响安全的因素，开展危险源识别工作。主要方法如下：

（1）工作体系分析。定期对影响安全运行的程序、环境等进行分析，发现系统中存在的危险源。分析的内容包括：人为因素、设备设施、工作环境、工作程序、空中交通流量等；

（2）员工安全信息报告。分析内部员工的安全信息报告，现危险源；

（3）在日常运行中发现危险源。通过日常的监察、检查等方式，发现运行中存在的危险源；

（4）问卷调查、访谈、会议讨论。定期通过发放调查问卷、员工访谈、专家讨论等形式查找运行中存在的危险源；

（5）内部检查和外部检查。定期实施内部检查和外部检查，系统查找运行中存在的危险源；

（6）内外部不安全信息的分析和挖掘。对本单位以及单位外部发生的不安全事件进行收集和分析，查找本单位存在的危险源；

（7）安全信息综合分析中发现的危险源。

3．危险源识别的操作方法

危险源可以通过实际发生的安全事件（事故或事故征候）加以认识，或者可以通过在酿成事件前识别险情的主动过程加以识别。实际上，被动措施和主动过程都是识别危险源的有效方法。因此，危险源识别的目的是对所界定的系统中已存在和可能存在的所有危险源加以识别。同时，可以依据附录3危险源信息报告单加以详细分类选择方法。其较为通用的方法有以下几种：

（1）头脑风暴法。

头脑风暴法（Brainstorming）的发明者是现代创造学的创始人，美国学者阿历克斯·奥斯本，他于1938年首次提出头脑风暴法，Brainstorming原指精神病患者头脑中短时间出现的思维紊乱现象,病人会产生大量的胡思乱想。奥斯本借用这个概念来比喻思维高度活跃,打破常规的思维方式而产生大量创造性设想的状况。头脑风暴的特点是让与会者敞开思想,使各种设想在相互碰撞中激起脑海的创造性风暴,具体可分为直接头脑风暴和质疑头脑风暴法。前者是在专家群体决策基础上尽可能激发创造性,产生尽可能多的设想的方法,后者则是对前者提出的设想,方案逐一质疑,发现其现实可行性的方法。这是一种集体开发创造性思维的方法。

参加会议的人员多为具有行业背景和丰富的工作经验,他们通过一定的讨论程序与规则对系统进行全面的分析,从中找出系统在运行过程中所面临的各种情形,以找出尽可能多可能会发生的危险。

(2)历史追溯法。

由于系统在运行过程中,无法避免的会出现一些事故或事故征候,可以充分利用这些事故或事故征候报告。在进行风险识别的时候可以通过分析过去发生过的事故、事故征候报告,列出系统已经存在的危险清单。此外还可以利用与此系统类似的系统进行风险评估,类似系统不局限于功能上的相似,还包括运行方式、运行环境方面的相似,这些类似系统识别出的危险对于当前系统需要识别的危险有很大的借鉴意义。

(3)危险性和可操作性分析(HAZOP)法。

HAZOP分析法是一个定性的标准危害分析技术,是一种系统潜在危害的结构化检查方法。专家们通过脑风暴会议方式,确定系统所有可能偏离正常设计的异常运行问题,并分析这种偏离正常运行的原因、可能性和可能造成的后果及后果的严重性等。而这种偏差是通过将一系列标准的引导词(guideword)应用到正常的系统设计之上而产生的,因此只要分析出造成偏差的原因,采取适当的措施防止偏差的产生就可以防止系统的失效以及进一步可能引起的后果和危害。HAZOP分析方法的主要目标是识别出存在的问题,而不是解决问题。其生成结果是一个可能危害的列表。对每个危害,需要对可能的原因及后果进行进一步的评估。

危险性和可操作性分析(HAZOP分析)作为一套科学的、行之有效的危险性评价分析方法早已在国际大型工程公司及大型工业生产企业所普遍采用。这种方法能使人们充分辨识整个生产、制造、储存系统的危险性,有针对性地提出消除安全隐患、保护员工安全和环境的措施。HAZOP分析法作为一种危险性评价方法,国外推广得比较好,我国近几年才开始推广,尤其是中国石油集团公司的项目近两三年要求所有新建大型项目必须进行HAZOP分析。相信随着我国对安全要求的加强,HAZOP分析法作为一种科学的分析方法将很快得到推广和普遍应用。

以空管运行流程图6.4为例,进行分析影响空管正常工作的各种因素,主要包括决策失误:判断错误,计划差错;心理知觉:身心疲惫,混淆指令,心理定势,记忆障碍;信息交流:信息不及时,信息负荷;协调沟通:未确认指令,通信质量不良;监视管理:不良的交互监视,组织不力等。继而可以进行定量或定性地评价。

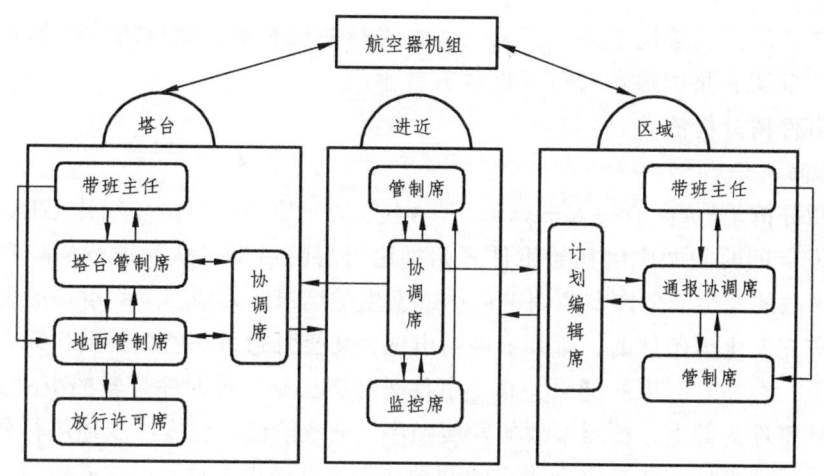

图 6.4 空管运行流程简图

（4）安全检查表。

安全检查表是为了系统地找出系统中的不安全因素，把系统加以剖析，查出各层次的不安全因素，然后确定检查项目，以提问的方式把检查项目按系统的组成顺序编制成表，以便进行检查或评审的一种排查方式。

安全检查表可以突出重点，及时发现和查明各种危险和隐患，实现安全检查的标准化、规范化，是监督各项安全规章制度的实施和纠正违章指挥、违章作业的有效方式，可作为安全检查人员或现场作业人员履行职责的凭据。

检查单法实际上是一种多路思维的方法，人们根据检查项目，可以一个方面，即一条一条地想问题。这样，不仅有利于系统和周密地想问题，使思维更带条理性，也有利于较深入地发掘问题和有针对性地提出更多的可行设想。这种方法后来被人们逐渐充实发展，并引入了为避免思考和评论问题时发生遗漏的"5W2H"检查法，最后逐渐形成了今天的"检查表法"。

5W2H 分析法又称七何分析法，发明者用五个以 W 开头的英语单词和两个以 H 开头的英语单词进行设问，发现解决问题的线索，寻找发明思路，进行设计构思，从而搞出新的发明项目，这就叫作 5W2H 法。

① WHAT——是什么？目的是什么？做什么工作？

② HOW——怎么做？如何提高效率？如何实施？方法怎样？

③ WHY——为什么？为什么要这么做？理由何在？原因是什么？造成这样的结果为什么？

④ WHEN——何时？什么时间完成？什么时机最适宜？

⑤ WHERE——何处？在哪里做？从哪里入手？

⑥ WHO——谁？由谁来承担？谁来完成？谁负责？

⑦ HOW MUCH——多少？做到什么程度？数量如何？质量水平如何？费用产出如何？

检查单的形式已被民航业广泛采用，如飞行前检查单、交接班检查单、机务检查单等，事实证明它是确保运行可靠性的有效手段。

（5）事件树分析法。

① 概念。

事件树分析（Event Tree Analysis，ETA）起源于决策树分析（简称 DTA），它是一种按事故发展的时间顺序由初始事件开始推论可能的后果，从而进行危险源辨识的方法。一起事故的发生，是许多原因事件相继发生的结果，其中，一些事件的发生是以另一些事件首先发生为条件的，而一事件的出现，又会引起另一些事件的出现。在事件发生的顺序上，存在着因果的逻辑关系。事件树分析法是一种时序逻辑的事故分析方法，它以一初始事件为起点，按照事故的发展顺序，分成阶段，一步一步地进行分析，每一事件可能的后续事件只能取完全对立的两种状态（成功或失败，正常或故障，安全或危险等）之一的原则，逐步向结果方面发展，直到达到系统故障或事故为止。所分析的情况用树枝状图表示，故叫事件树。它既可以定性地了解整个事件的动态变化过程，又可以定量计算出各阶段的概率，最终了解事故发展过程中各种状态的发生概率。

② 事件树分析法结构流程。

由初始（希望或不希望）事件出发，按照逻辑推理推论其发展过程及结果，即由初始事件引起的不同事件链。以一初始事件为起点，按事件发展顺序进行分析，每一事件可能的后续事件只能取完全对立的两种状态（成功或失败，正常或故障，安全或危险等）之一的原则，逐步向结果方面发展，直到达到系统故障或事故为止。了解事件的动态变化过程，分析出各种事件发展的可能结果（事故链、安全链、危险链），简单计算事故结果的发生概率，其流程图如图 6.5 所示。

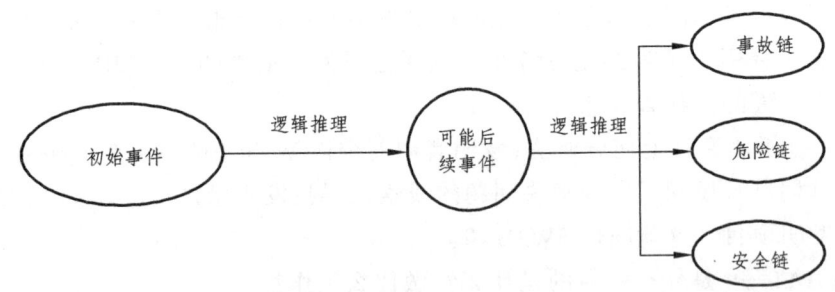

图 6.5　事件树分析流程图

③ 案例分析——跑道入侵事件树分析。

航空器进入跑道（包括即将起飞、即将降落），跑道被占用——包括航空器、人员、车辆占用。占用者在航空器降落前离开跑道：占用者（航空器、人员、车辆）紧急避开；占用者在航空器降落前未能离开跑道：飞行员采取措施——复飞。

缺点：每个事件的后续事件只能为正反两种情况，事实上，事件的后续事件绝不止两种。所以，概括不全面，某个问题需要剖析成多个事件数进行分析；一般用于事前分析。从某种程度上来说能起到事故预防作用。

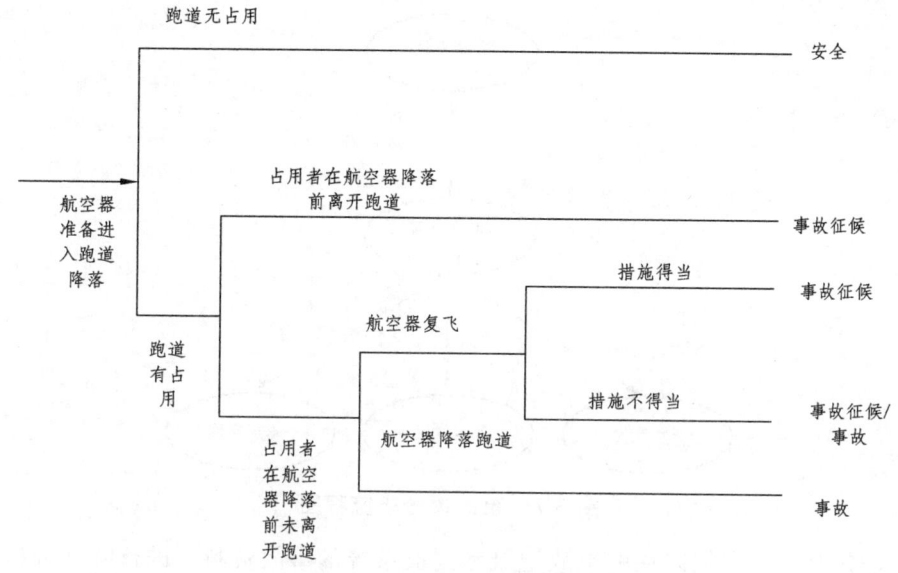

图 6.6 跑道侵入事件树分析

（6）事故树分析法。

① 概念。

事故树分析法（AccidentTreeAnalysis，ATA）起源于故障树分析法（简称 FTA），是安全系统工程的重要分析方法之一，是一种演绎的安全系统分析方法。它能对各种系统的危险性进行辨识和评价，不仅能分析出事故的直接原因，而且能深入地揭示出事故的潜在原因。用它描述事故的因果关系直观、明了，思路清晰，逻辑性强，既可定性分析，又可定量分析。它是从要分析的特定事故或故障开始（顶上事件），层层分析其发生原因，直到找出事故的基本原因，即故障树的底事件为止。这些底事件又称为基本事件，他们的数据是已知的或者已经有过统计或实验的结果。

② 事故树分析法结构流程。

以某一要防止的事故为顶端事件，将不同层次事故致因事件为节点，节点间的因果逻辑关系用逻辑门符号及输入输出的边线表示，由此得出的事故致因树状模型称为事故树，如图 6.7 所示。

事故树分析根据对象系统的性质、分析目的的不同，分析的程序也不同。一般都有下面的十个基本程序。使用者还可根据实际需要和要求来确定分析程序。

a. 熟悉系统。要求要确实了解系统情况，包括工作程序、各种重要参数、作业情况。必要时画出工艺流程图和布置图。

b. 调查事故。要求在过去事故实例、有关事故统计基础上，尽量广泛地调查所能预想到的事故，即包括已发生的事故和可能发生的事故。

c. 确定顶上事件。所谓顶上事件，就是我们所要分析的对象事件。分析系统发生事故的损失和频率大小，从中找出后果严重，且较容易发生的事故，作为分析的顶上事件。

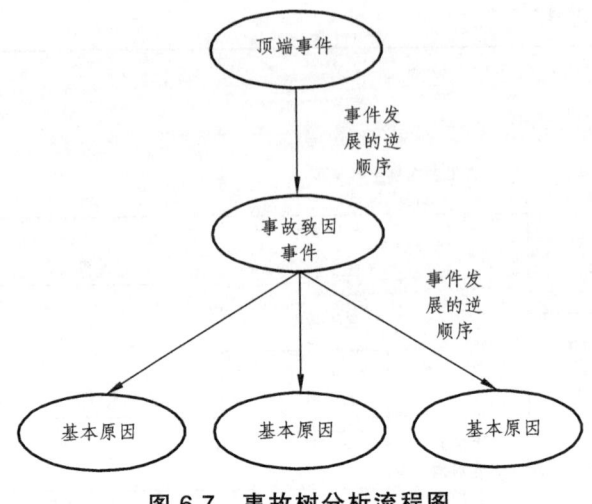

图 6.7 事故树分析流程图

d. 确定目标。根据以往的事故记录和同类系统的事故资料，进行统计分析，求出事故发生的概率（或频率），然后根据这一事故的严重程度，确定我们要控制的事故发生概率的目标值。

e. 调查原因事件。调查与事故有关的所有原因事件和各种因素，包括设备故障、机械故障、操作者的失误、管理和指挥错误、环境因素等等，尽量详细查清原因和影响。

f. 画出事故树。根据上述资料，从顶上事件起进行演绎分析，一级一级地找出所有直接原因事件，直到所要分析的深度，按照其逻辑关系，画出事故树。

g. 定性分析。根据事故树结构进行化简，求出最小割集和最小径集，确定各基本事件的结构重要度排序。

h. 计算顶上事件发生概率。首先根据所调查的情况和资料，确定所有原因事件的发生概率，并标在事故树上。根据这些基本数据，求出顶上事件（事故）发生概率。

i. 进行比较。要根据可维修系统和不可维修系统分别考虑。对可维修系统，把求出的概率与通过统计分析得出的概率进行比较，如果二者不符，则必须重新研究，看原因事件是否齐全，事故树逻辑关系是否清楚，基本原因事件的数值是否设定得过高或过低等。对不可维修系统，求出顶上事件发生概率即可。

j. 定量分析。事故树分析方法原则上是这 10 个步骤。但在具体分析时，可以根据分析的目的、投入人力物力的多少、人的分析能力的高低，以及对基础数据的掌握程度等，分别进行到不同步骤。如果事故树规模很大，也可以借助电子计算机进行分析。

（7）事件树分析方法与事故树分析方法的不同点。

虽然两者只有一个字的区别，但它们都是树状图。

事件树是由初始事件出发通过逻辑推理获得可能的后续事件及最终结果，从而确定出事故链、危险链、安全链。而事故树是由顶端时间出发通过事件发展的逆顺序反推事故至因事件，直到获得基本原因，以某一要防止的事故为顶端事件，将不同层次事故致因事件为节点，节点间的因果逻辑关系用逻辑门符号及输入输出的边线表示，由此得出的事故致因树状模型称为事故树。

事件树采用的方法为归纳法，推理方向是从左向右，一般适用于辨识危险源，预防事故的发生。

事故树采用的方法为演绎法，表达事故发生的逻辑顺序方向为从上到下，一般适用于已经发生的事故，总结事故的经验教训，从而为以后预防事故。

对于两者的适用性，事件树是分析没有发生的正常事件，从而引出包括事故在内的不同结果。（主要适用于事前预防。事故已经发生，由绘制事件数的方式来分析其原因则不合适。因为事件数是以正常事件为起点，显然，事故的发生是以很多个正常事件为起点的。）

事故树更加适用于事故已经发生，对其原因的分析。如果没有发生事故，就绘制事故树也可以，但是为了预防事故，编制事故树时必须将事故分得很详细、很具体，每件事——绘制事故树，其工作量较大。

6.2.4 危险识别的应用

危险广泛地存在于民航业的各项活动当中，可以通过安全评估、日常运行的监督检查或信息报告系统等手段从各种渠道获得的大量信息中来识别可能的危险，危险可能来源于设计因素、程序和操作问题、沟通、人事制度、组织原因、工作环境影响、管理制度、防护机制等方面。当前，在空中交通管理系统中，危险的范围是很广的，以下是一些潜在的危险：

1．由于设计上的不成熟，造成信息收集和反馈不畅

空管的信息源主要来自强制报告和自愿报告。具体表现在：

强制报告：首先让我们来看一下我国空管现行的管理模式。我国空管现行第1级民航局空管局、第2级7个地区空管局、第3级40余个空管分局（站）的3级管理模式。第3级机构的信息仍旧依靠传统的传真和电话上报给第2级机构再由第2级机构手工录入汇总到数据库中，这样的方式限制了信息的收集和发布渠道，造成信息收集效率低下。而且通过电话或传真传递信息往往易丢失，不易查找。同时，第3级管理部门只是从安全通告或第1、2级机构的逐层反馈中获得信息，不能及时得到有用信息。信息的长期记录匮乏，加上大量历史数据和信息丢失，导致对中长期安全形势的分析和判断能力受到限制。

自愿报告：自愿报告系统就是指报告者自愿报告自己在工作中的失误或潜在的安全隐患面，报告受理单位则遵循报告人身份保密和对无意的，没有造成严重影响的行为不追究责任的原则，并通过即时发布安全信息的指令，将工作中的无意失误化为对集体，团队和组织的贡献，以达到提高系统安全性和安全风险预警的效果。它依据保

密性，自愿性和非处罚性原则，鼓励从业人员将见到和亲身经历的危险、意外事件或可能影响到空管安全的隐患主动报告，避免问题继续演化成事故；同时仍要加强强制报告的收集。这样信息来源得到保证，系统运行就有了基础。然而我国目前处理违章事件采取的是"四不放过"的原则，它是我国民航经过多年的实践总结出来的具有时代特色的安全管理的原则和方法。在深入研究事件原因中，落实预防措施和反违章方面起到了重要作用。规章、程序和标准的严格执行是现代大系统安全可靠运行的基本保证。"四不放过"实质是希望从民航系统的个体上强化航空系统的安全，其方法是从民航系统的个体出发，找出个体事件发生的原因，制定预防措施；为了使措施落实到实处，强调分清责任和严肃处理。应该说"四不放过"是提高系统安全性的手段之一，尤其适用于影响较大的如严重差错以上的事件。由于多种原因，特别是人性的本质原因，该原则的执行过程中，其结果并非如预期所料当事人是否主动讲出不安全事件和错误行为，成为能否使更多人汲取教训、避免同类事件再发生的关键。由于中国民航现行的报告惩罚制度存在一定的问题，很多工作人员在看到或亲身经历了不安全事件后，怕上报会带来处罚或声誉受损，经常不报或瞒报，使很多可能造成严重后果的信息被掩盖。

2．人的因素

人的因素包括程序和操作，包括其文件和检查单，及在实际操作情况下的验证。安全的决定因素是人，潜在状况总是具有人的因素。可能是未发现的设计缺陷的结果，也可能与经正式批准的程序的未认识到的后果有关。也有很多潜在状况是由组织的管理者做出的决策直接导致的。例如，当组织的文化鼓励走捷径而不总是遵循经批准的程序时，就会存在潜在状况。不坚持正确的程序便可使走捷径情况的直接后果在操作层面上显现出来。然而，如果在操作人员中存在普遍接受这种行为的现象，而且管理者或者没有觉察到这种情况，或者不采取任何行动，那么在系统的管理层就会存在潜在状况。客观条件再有利，如果人思想松懈，行动迟缓，难免会发生事故；相反，客观条件虽然不好，如果人能兢兢业业，一丝不苟，遵章守纪，则能在险恶的条件下转危为安，保证安全。

通常，经过领导和每个员工的努力，安全形势好转，相当长的时期内平安无大事。然后又出现思想上放松，行动上懈怠，或者不能正确地处理安全与其他工作的关系，使"安全第一"的方针落实不利，导致隐患滋生，事故和事故征候接踵而至，甚至防不胜防。当事故的惨痛教训使人们警醒，从上到下再次重视起来，查隐患，堵漏洞，反复整顿，安全形势又开始好转。如此周而复始，安全形势形成了周期性的波动这一现象给我们以下两个方面的启示：

① 安全的决定因素是人。客观条件再有利，如果人思想松懈，行动迟缓，就难免发生事故；相反，客观条件虽然不好，如果人能兢兢业业，一丝不苟，遵章守纪，则能在险恶的条件下转危为安，保证安全。

② 我国民航的安全基础比较薄弱，事实上我们的管理还比较粗放，规章制度尚不够健全，企业也还没有形成良好的安全文化氛围。这些问题使得我们的安全工作忙于"亡羊补牢"，保障飞行安全靠的还是人治，因此就难免会出现安全形势的起伏和波动。正因为如此，我们才要提倡规范化、标准化、科学化的安全管理，克服人固有的局限性，使安全能建立在更稳定和可靠的基础之上。

3．管理监督因素

管理监督因素包括规章的适用性和可执行性；设备、程序的验证和人员的资格鉴定；监督审计的充分性；然而，在实际的检查中，受到检查人员专业跨度、业务深度的限制，摸排力度和梳理细度都很有限，安全评估缺乏定量分析，缺少数据支持，对安全管理决策层参考作用也很有限。尤其是，当梳理出来的安全薄弱环节摆在安全管理层面前时，对于安全整治重点和投资优先级的确定仍存在较大主观性，缺少客观材料作为支撑参考。

4．防护机制

防护机制包括诸如提供适当探测和警告系统，设备的容错能力和防止故障的坚固程度等。大量的精密的导航和监控系统等设备，使原来的避雷设施在对这些电子设备进行保护时显得无能为力。也由于这些设备的敏感性高，抗雷电电磁脉冲的能力差，很容易受到雷电浪涌的侵害，而这些设备的损坏将会对安全生产和飞行安全带来直接的影响。

除了以上几个比较明显的潜在风险因素外，还有设备因素和环境因素，程序和操作因素，组织因素，工作环境因素等。

6.3 风险评估

6.3.1 风险评估的概念

风险评估是系统管理者或相关人员对风险可能影响系统安全程度的分析过程。它要求从风险发生的可能性和严重程度等方面入手，确定风险等级，判断系统的风险承受力，为正确选择风险的处理方法提供依据，同时它也是一种系统地组织科学技术信息及其不确定度的方法，它要求对相关信息进行评价，并且选择模型根据信息做出推论。风险评估过程中的不确定度来自资料和选择模型两个方面，有时，为了克服知识和资料的不足，在风险评估中可以使用合理的假设。完整的风险评估应从不安全时间发生的可能性和后果的严重度两方面入手，换句话说，确定损失的可能性。在风险评估中，区分危险（造成伤害的潜在性）和风险（在特定时期内该伤害成为现实的可能性）是很重要的。

6.3.2 风险评估的方法

风险评估的分析方法有许多，对于一些风险，通过界定多个变量，收集适当的数据并建立相应的数学模型，利用这种定量的方法（要求对具体数据进行数学分析），从而可得到可靠的结果。然而，对航空领域的危险，很少可单纯地利用数学方法进行可靠的分析。通常，通过对已知事实及其关系的重要性和逻辑性的分析，对这些分析方法加以定性分析补充。

证实了存在安全危险后，就需要进行某种形式的分析来评估其可能的伤害或破坏。风险评估通常应该考虑以下三方面：

（1）危险导致不安全事件发生的可能性（即如果允许潜在不安全状况存在下去，发生不利后果的可能性）。

（2）某一不安全事件的潜在不利后果或结果的严重性。

（3）受危险影响程度。随着受不安全状况影响的增加，不利结果发生的可能性也在增大。因此，受危险影响可以被视为可能性的另一种量度标准。然而，确定可能性的某些方法也可包括受影响因素，如万分之一小时率。

风险是危险导致不利结果的估计潜在性。它是造成伤害的隐患变成现实的可能性。

风险评估要考虑任何不利后果发生的可能性和严重性，换句话说，确定损失的可能性。在风险评估中，区分危险（造成伤害的潜在性）和风险（在特定时期内该伤害成为现实的可能性）是很重要的。风险评估矩阵（见表 6.2）是一个评估风险等级的常用工具。

表 6.2 风险评估矩阵

严重程度 可能性	灾难性的	危险的	严重的	轻微的	可忽略的
频繁的					
偶然的					
少有的					
不太可能的					
极不可能的					
可接受		可容忍		不可接受	

有大量关于用于风险评估的分析种类的文献。对于本书中所描述的风险评估，不需要使用很高级复杂的方法，只要某些基本的方法就可以满足正常应用。

无论使用什么样的方法，都有多种风险表达方式，例如：

① 死亡人数、财产损失或市场份额损失（即绝对数）；

② 损失率（如飞行每百万机座公里死亡人数）；

③ 严重事故发生的可能性（如每 50 年一次）；

④ 结果的严重性（如伤害严重性）；

⑤ 与年营业收入相对应的预计损失的美元价值（例如每 2 亿美元收入有 100 万美元损失）。

6.3.2.1 风险定量分析法

1．模糊数学计算方法

现代的安全风险评估分析过程包括统计概率，评估影响以及得出定量风险。其中，概率可以通过统计的方法来得到，影响可以通过专家的评判配合模糊数学计算方法（应用模糊关系合成的原理，将一些边界不清，不易定量的因素定量化，进行综合评价的一种方法）得到，定量风险值越大，风险就越大。首先，确定一套影响安全的因素，因素的确定应明确安全。按照模糊数学的方法将每个因素划为 5 个等级，很低，低，中等，高，很高。给出每个等级的分数：1，2，3，6，7。并根据空管相关专家组成的评判团对每个因素打分，计算出每个因素的总分值。对于一套系统来说，造成风险的各个因素具有不同的影响程度，因此，每个因素就分别占有一定的权重。目前流行的权重确定方法有 AHP 层次分析法、排序法、标差法和专家直观评定法等。通过资料查阅结合空管基层安全保障实际情况，认为直观判定法是最符合空管实际的权重确定方法。参与的评判员根据个人经验和各项指标重要程度的认识，对各项影响因素的权重进行分配，通过讨论，综合意见，最后由决策者确定。通过专家评定法得出各影响因素权重 W 后，再将每个因素的权重与前面算出的自身总分数相乘，累计求和，就得到影响因素的大小。定量风险就是再用影响因素的大小乘以因素发生的概率。

例如：有因素 A，B，C，D，E，…，对应的每个因素的分值就是 $\sum Z_A$，$\sum Z_B$，$\sum Z_C$，$\sum Z_D$，$\sum Z_E$，…，每个因素就分别具有的不同的影响程度就是 W_A，W_B，W_C，W_D，W_E，…，每个因素的概率就是 P_A，P_B，P_C，P_D，P_E，…，定量风险为 R，可以得到以下一个公式：

$$R_A = \sum Z_A \times W_A \times P_A$$
$$R_B = \sum Z_B \times W_B \times P_B$$
$$R_C = \sum Z_C \times W_C \times P_C$$
$$R_D = \sum Z_D \times W_D \times P_D$$
$$R_E = \sum Z_E \times W_E \times P_E$$
$$\vdots$$

通过比较风险值 R，就可以看出存在的安全风险主要来自于哪个方面。

2．事例分析

以下结合某进近管制室在雷雨条件下的风险评估进行说明。

① 安全评估目的。梳理在雷雨天气下管制的安全薄弱环节，确定影响运行的风险

因素和大小，为整治安全隐患提供参考依据。

② 安全评估组组成。3名进近管制员，2名塔台管制员。

③ 风险因素的确定。确定影响进近管制出现不正常因素为管制通话、管制能力、空域狭小绕飞空间限制、流量大和夏秋季雷雨频繁五个。

④ 各影响因素等级划分。按照模糊数学的方法将每个影响因素划分为5个等级：很低、低、中等、高和很高。给出每个登记的分数（1，2，3，6，7）。

⑤ 影响因素权重的确定。根据以上5个因素在进近管制正常进行的相对重要程度，确定了对评价对象不同侧面的重要程度的定量分配权重分别为：$W_{管制通话}=15\%$，$W_{管制能力}=25\%$，$W_{空间限制}=25\%$，$W_{流量大}=20\%$，$W_{雷雨频繁}=15\%$。

⑥ 影响概率的统计。假设通过对该不正常情况的值班记录本的查阅统计，得出5个因素平均每年发生次数为：$P_{管制通话}=2$，$P_{管制能力}=2$，$P_{空间限制}=4$，$P_{流量大}=3$，$P_{雷雨频繁}=3$。

⑦ 评估结论。由以上我们可以得出一个风险评估的表（见表6.3）。

由风险值 R 可以看出，该进近管制正常运行中存在的安全风险主要是来自空间限制、管制能力等因素。因此，安全管理部门在做政治安全薄弱环节决策工作时，可将此评估数据作为参考。

表6.3 风险评估表

打分情况	管制能力 $W=25\%$	管制通话 $W=15\%$	流量大 $W=20\%$	空间限制 $W=25\%$	雷雨频繁 $W=15\%$
A打分	7	6	2	7	6
B打分	6	3	2	3	1
C打分	3	7	1	7	6
D打分	7	3	3	6	3
E打分	6	7	6	6	1
影响大小 $F=\sum Z*W$	7.25	3.9	3.5	5.8	2.55
平均每年发生次数 P	2	2	3	4	3
风险大小 $R=P*F$	14.5	7.8	10.5	23.2	7.65

6.3.2.2 风险定性分析法

1. 风险的可能性和严重性

目前，空管界比较常见的风险评估做法是将风险划分为不可接受，可接受和可容忍（合理且尽可能低水平）三个等级，通过建立严重度/可能性比对表来判别风险等级。

无论采取何种分析方法，都必须评估造成伤害或破坏的可能性。该可能性取决于诸如下述问题的答案：

（1）以前出现过类似的事件吗，或者是否这只是一个孤立的事件？

（2）哪些其他设备或同类型的部件可能具有相似的缺陷？

（3）有多少操作或维护人员在执行这些有关程序，或受其影响？
（4）怀疑有缺陷的设备或有问题的程序使用时间百分比是多少？
（5）在多大程度上存在可能对安全较大威胁的涉及组织、领导或管理方面的问题？

根据这些问题的考虑，可将可能性评估为以下几个方面（见表6.4）

表 6.4 可能性分类表

可能性分类	极不可能的	罕见的	偶然的	经常的	频繁的
定量描述	$<10^{-9}$次/飞行架次	$10^{-7} \sim 10^{-9}$次/飞行架次	$10^{-5} \sim 10^{-7}$次/飞行架次	$10^{-3} \sim 10^{-5}$次/飞行架次	$1 \sim 10^{-3}$次/飞行架次
定性描述（年保障一万架次）	发生可能性几乎为零	百年不遇	百年一遇	每年发生不到十次	每年发生数十次以上
定性描述（年保障十万架次）	发生可能性几乎为零	百年不遇	一年发生不到一次	每年发生数十次	每年发生上百次

在确定了事件发生的概率后，当事件真的发生时，必须评估不利后果的性质。潜在后果决定事件所需采取安全措施的紧急程度。如果存在灾难性后果的重大风险，或者如果严重伤害、财产或环境遭破坏的风险很大，应采取紧急措施。在评估事件后果的严重性中，可注意下列类型的一些问题：

（1）有多少生命处于危险中（员工、乘客、旁观者和公众）？
（2）财产或经济损失可能的严重程度（经营人的直接财产损失、航空基础设施的损坏、第三方的间接损失以及对国家的财政或经济的影响）？
（3）发生环境影响的可能性如何（燃料或其他危险品的泄漏和对自然生境的有形破坏）？
（4）可能的政治影响和/或媒体的兴趣是什么？

根据这些问题，可以将严重性分为以下种类（见表6.5）。

表 6.5 严重性分类表

严重性分类	可忽略的	轻微的	严重的	危险的	灾难性的
定性描述	几乎无什么影响	小麻烦。操作限制。较小的不安全事件	安全系数明显下降，操作人员工作负荷增加，应付不利工作条件的能力下降。启用应急程序。严重事故征候。人员受伤	安全系数大大下降，身体压力或工作负荷已经使操作人员无法精确的或完全的完成任务。许多人严重受伤。主要设备损坏	设备损坏。多人伤亡

2. 风险可接受性二维矩阵

由于风险的可接受性取决于风险发生的可能性及其后果的严重性，即判断可接受性的标准是二维的。因此，针对已经分别确定了严重性和可能性的危险，就可以方便地按照以下风险可接受性二维矩阵来确定其可接受性，可接受性等于严重性与可能性的乘积，乘积数值从 1 到 25 不等，数值越大表示风险越大，可接受性就越差（见表6.6）。

表 6.6 风险可接受性二维矩阵

严重性						
	5	5（可接受的）	10（可容忍的）	15（不可接受的）	20（不可接受的）	25（不可接受的）
	4	4（可接受的）	8（可容忍的）	12（可容忍的）	16（不可接受的）	20（不可接受的）
	3	3（可接受的）	6（可容忍的）	9（可容忍的）	12（可容忍的）	15（不可接受的）
	2	2（可接受的）	4（可接受的）	6（可容忍的）	8（可容忍的）	10（可容忍的）
	1	1（可接受的）	2（可接受的）	3（可接受的）	4（可接受的）	5（可接受的）
风险等级		1	2	3	4	5
		可能性				

通过风险评价矩阵可将风险划分为可接受的、可容忍的和不可接受的三个等级，不同风险等级采取的控制措施不同，如表 6.7 所示。

表 6.7 风险等级及控制措施

等级	风险等级	措 施
可接受的	低风险	可接受的，对风险进行监控，正常运行
可容忍的	中等风险	采取风险控制措施，正常运行
不可接受的	高风险	不可接受的，立即采取风险控制措施，停止运行，直到风险降低到可接受的水平

6.3.3 风险评估的应用

安全管理部门和安全相关部门应当做到以下几点：

（1）建立并实施风险评价与控制的程序及方法，对识别出的危险源开展风险评价和控制工作，并进行记录。

（2）应当在风险评价前详细分析危险源产生的原因或作用机理，从系统的角度出发,全面分析在不安全行为、不安全行为的前提条件、设备设施、监督管理、组织因素等方面存在的问题和不足。

(3)应当在原因分析的基础上,采用定量或定性的评价方法,从风险的后果严重程度和发生可能性两个方面综合评价风险的大小及可接受性。

(4)应当明确规定风险的可接受准则,以及各管理层对风险可接受的决策权限,对于本单位或部门无法解决的风险应当报上级部门进行解决。

(5)应当对不可接受的风险制订详细的风险控制计划,明确责任以及所需的各种资源。

6.4 风险控制

6.4.1 风险控制的概念

风险控制是指风险管理者采取各种措施和方法,消灭或减少风险事件发生的各种可能性,或减少风险发生时造成的损失。对空中交通行业来说,通常是指空管运行单位在日常的运行中,通过对风险的认识、衡量和分析,并以最小的成本达到最大安全保障的管理措施和办法。

在风险控制过程中还可能产生衍生风险和剩余风险。衍生风险是指在风险控制过程中派生出的其他风险。对于衍生风险,应进行分析和评估,如其产生的危害后果可接受,则可采取该风险控制方案;如其产生的危害后果不可容忍或不可接受,则不能采取该风险控制方案。剩余风险是指那些运用了所有的控制和风险管理技术以后而留下来、未被管理的风险。对于剩余风险,空管运行单位应该持续监控。

6.4.2 风险控制的方法

风险控制的三种基本方法是:风险排除、损失控制和风险转移。

(1)风险排除。风险排除是运行主体单位有意识地排除风险行为,完全避免特定的损失风险。

(2)损失控制。损失控制不是排除风险,而是制订计划和采取措施降低损失的可能性或者是减少实际损失。控制的阶段包括事前、事中和事后三个阶段。事前控制的目的主要是为了降低损失的概率,事中和事后的控制主要是为了减少实际发生的损失。

(3)风险转移。风险转移,是指通过契约,将让渡人的风险转移给受让人承担的行为。通过风险转移过程有时可大大降低运行主体的风险程度。风险转移的主要形式是合同和保险。合同转移:通过签订合同,可以将部分或全部风险转移给一个或多个其他参与者。保险转移：保险是使用最为广泛的风险转移方式。

6.4.3 风险控制的应用

系统的风险管理应当制订风险控制措施，消除或降低不可接受风险及可容忍风险。风险控制计划应当包括以下内容：

（1）风险控制措施及实施步骤；

（2）责任部门及人员；

（3）人员、资金等方面的资源需求；

（4）实施时限；

（5）阶段性评估及最终评估的标准；

（6）过程监管及最终验收的责任人；

（7）相关信息沟通、协调机制。

在制订风险控制计划时应当考虑以下因素：

（1）风险控制措施的分类。风险规避，当没有适当的风险管理措施来降低风险时（无有效措施、措施投入较大或可行性差等原因），可采取限制运行或采取其他运行方案的方式防止风险的产生；风险转移，通过合同、协议、规定等形式，将风险的管理职责转移给有能力进行风险管理的组织；风险承担，当风险水平较低，在可接受范围时，可以接受风险发生的可能性和后果，不采取风险控制措施；风险控制，从政策、程序、人员、硬件等方面采取措施，对风险进行管理，将其降低到可接受的范围内。

（2）风险控制措施的效果。风险控制措施在效果方面可分为三类：工程措施，通过修改设计或加装硬件来消除安全风险；控制措施，通过改进岗位设置、管理方法、工作程序等手段来降低安全风险；人事措施，通过警告、修改检查单、建立 SOP、培训等手段来降低风险。这三类措施在实施的效果、成本、实施难度上依次递减。具体可参见附录 4 涉及空管的风险举例。

（3）成本/效益。风险控制措施所需要的投入及其可能带来的安全收益。

（4）可行性。风险控制措施在现有的人员、技术、经费、管理、法律和规章等方面是否可行。

（5）持久性。风险控制措施能否产生长久的效用。

（6）剩余风险。在实施了风险控制措施后，是否存在未能完全消除的风险。

（7）衍生风险。是否由于实施风险控制措施而产生了新的问题或新的安全风险。

安全管理部门和相关部门应当按照风险控制计划，实施各项风险控制措施，并对控制措施的执行情况和效果情况进行持续监控。必要时，对风险进行重新评估，修改风险控制计划。

6.5 本章小结

风险管理有助于在所评估的风险和可行的风险缓解之间取得平衡，它是安全管理的一个有机组成部分，是一种主动管理技术。危险识别是风险管理工作中的重点，危险识别一般指找出可能引发事故导致不良后果的材料、系统、生产运行过程或场所的特征。风险评估是系统管理者或相关人员对风险可能影响系统安全程度的分析过程，风险评估的方法一般有风险定量分析法和风险定性分析法两种，两种方法的应用程序都是先确定问题，再预测结果，最后进行风险控制。

风险控制是风险管理者采取各种措施和方法，消灭或减少风险事件发生的各种可能性，减少风险发生时造成的损失的一种手段，主要包括风险排除、损失控制和风险转移这几种方法。安全管理部门按照风险控制计划，实施各项风险控制措施，并对控制措施的执行情况和效果情况进行持续监控，定期酌情修改计划，以保证风险控制应用的适宜性和有效性。

复习思考题

1. 简述危险源的定义。
2. 简述风险管理的概念。
3. 简述风险管理的流程。
4. 简述危险源的分类。
5. 简述危险识别的方法有哪些？
6. 简述头脑风暴法的方法及应用。
7. 如何应用事件树和事故树？两者的区别有哪些？
8. 简述风险定性分析方法。
9. 风险评估的方法有哪些？
10. 危险控制的方法有哪些？

第 7 章 安全评估

7.1 安全评估概述

如果只用事故或事故率来度量安全是不够的,是不全面的。事故记录只能部分说明以前的安全状况,不能说明现在,更不能预测将来。必须用系统的观点,用系统的可靠性和符合性来度量系统的安全性。通过全面、系统地考查系统的各要素以及各子系统的要素的可靠性及其关系,可以对系统的可靠性、安全性做出度量。安全评估就是对系统的安全性给出客观的评价。

安全评估应在实施任何潜在影响运行安全的重大变更之前进行,以便证明此项变更满足可接受的安全水平。例如,当计划实施涉及运行程序、添置或配置设备、组织的工作关系等方面的重大变更时,可能需要进行安全评估。国际民用航空公约附件11——《空中交通服务》要求,对于与空中交通管制系统安全运行相关的任何重大变更,只有在安全评估证明其可以保持可接受的安全水平后才可以实施(关于在空中交通服务中可能需要进行安全评估的情况的更多特定信息可参考《空中航行服务程序——空中交通管理》空中交通服务安全管理。安全评估的范围必须足够大,以便涵盖可能直接或间接受到变更影响的系统各方面,并且应包括人的因素、设备因素和程序因素。

如果安全评估结果为被评估的系统没有满足安全评估标准,为了减少风险,有必要设法对该系统进行改进。该过程称为风险缓解。探索找到缓解措施成为评估过程不可缺少的一个部分。应通过对实施缓解措施的风险进行再评估对提议的缓解措施的适当性进行测试。

安全评估过程的目的是回答以下三个基本问题:
(1)哪些方面可能出错?
(2)后果可能是什么?
(3)可能发生的概率是多少?

一旦安全评估完成后,应由责任经理宣布安全评估结束,表示他确信已适当地进行了评估,风险水平是可以接受的。为了使管理者能够就此做出明智的决定,安全评估必须很好地形成文件。应保存文件,以便作为做出风险可以接受的决定的依据留下一份记录。

7.1.1 安全评估的定义

安全评估可分为系统安全评估和基于变革的安全评估。

系统安全评估是以实现系统安全为目的，应用安全系统工程原理和方法，对系统中的"人—机—环"各方面存在的危险进行全面识别、定性和定量的分析评价，判断系统发生事故的可能性及其严重程度，从而为制订防范措施和管理决策提供科学依据。

基于变革的安全评估是安全管理体系（SMS）基于变革管理理论而被确立的方法和要素之一，是指在系统进行重大变革时，需要对系统的安全状态进行评估，通过对可能的风险实施管理，从而为实现组织的安全目标执行必要的变革管理。基于变革的安全评估是从危险的辨识、发生概率、后果严重性分析到根据相关标准和可接受准则进行评价并采取措施降低风险的过程。

7.1.2 安全评估的基本原理

系统安全评估的基本原理如下：

（1）用系统工程的观点和系统分析的方法研究和探讨安全管理系统的结构、组成和运转等问题；

（2）用管理科学和运筹学的方法研究安全管理系统的最优化等问题；

（3）用控制论的观点研究安全管理系统中的"人—机—环"系统问题；

（4）用信息科学的方法研究安全管理系统的信息传输和处理等问题。

7.2 安全评估的启动

系统安全评估可周期性的在组织开展，也可根据组织的运行状况适时开展。

基于变革的安全评估的启动，按照《中国民航空中交通管理安全管理规则》的规定，当发生下列重大变化时空管运行单位应主动向上级主管单位（地区空管局或民航局空管局）提出安全评估请求：

（1）降低最低飞行间隔标准；

（2）变更管制方式；

（3）新技术首次应用；

（4）实施新的飞行程序或管制程序；

（5）调整空域范围或空域结构；

（6）新建、改建、扩建空管运行设施、设备等建设项目；

（7）上一级主管单位认为有必要的情况。

地区空管局和民航局空管局或其指定机构将组织对以上变革的安全评估。

7.3 安全评估的程序

安全评估分为事前评估和跟踪评估两个阶段。事前评估是对预期变更的可行性、安全性和可靠性以及实施后是否会满足预定安全水平的评估，一般包括如下几个程序步骤：

（1）评估准备；
（2）系统及运行环境描述；
（3）危险辨识；
（4）风险分析；
（5）制订风险控制措施；
（6）形成安全评估结论与建议；
（7）编写安全评估报告。

具体的评估程序如图 7.1 所示。

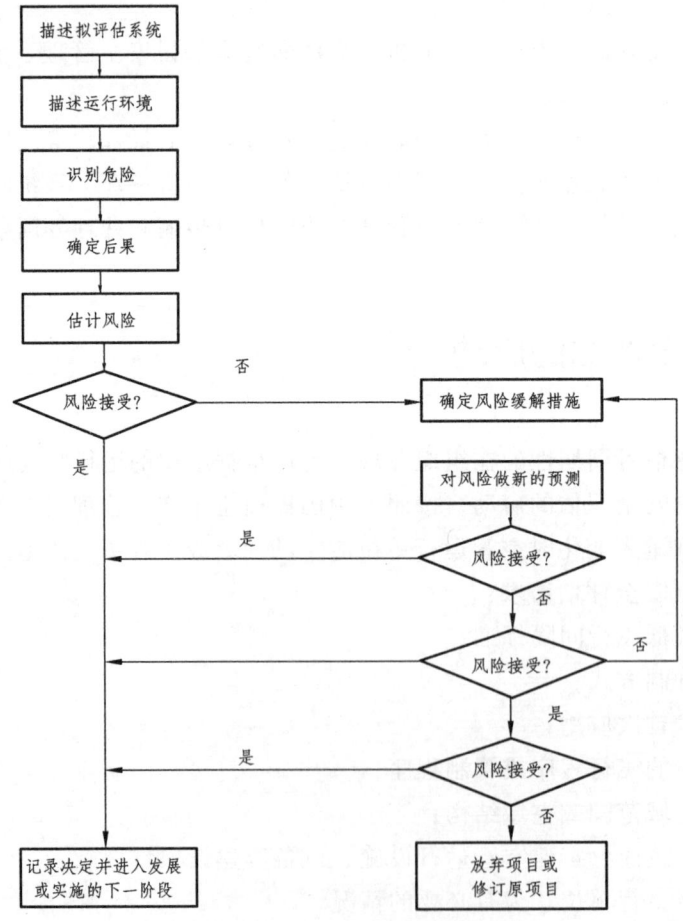

图 7.1 安全评估程序

7.4 安全评估的方法

1. 安全评估方法的分类

（1）按照安全评价结果的量化程度，安全评估方法可分为定性安全评估法和定量安全评估法。

定性安全评估方法。定性安全评估方法主要是根据经验和直观判断能力对生产系统的工艺、设备、设施、环境、人员和管理等方面的状况进行定性的分析，安全评价的结果是一些定性的指标，如是否达到了某项安全指标、事故类别和导致事故发生的因素等。属于定性安全评估方法的有安全检查表、专家现场询问观察法、经验分析法、因素图分析法、事故引发和发展分析、故障类型和影响分析、危险可操作性研究等。

定量安全评估方法。定量安全评估方法是运用基于大量的实验结果和广泛的事故资料统计分析获得的指标或规律（数学模型），对运行系统的工艺、设备、设施、环境、人员和管理等方面的状况进行定量的计算，安全评价的结果是一些定量的指标，如事故发生的概率、事故的伤害（或破坏）范围、定量的危险性、事故致因因素的事故关联度或重要度等。

按照安全评价、估给出的定量结果的类别不同，定量安全评估方法还可以分为概率风险评价法、伤害（或破坏）范围评价法和危险指数评价法。

① 概率风险评估法。概率风险评价法是根据事故场景的思路研究实际系统，通过综合运用多种技术，分析系统的危险状态、潜在事故可能发生和发展的过程以及各种危险因素导致事故的发生概率或事故致因因素的事故发生概率，应用数理统计中的概率分析方法，求取事故基本致因因素的关联度（或重要度）或整个评价系统的事故发生概率的安全评价方法。故障类型及影响分析、事故树分析、逻辑树分析、概率理论分析、马尔可夫模型分析、模糊矩阵法、贝叶斯网络关联图、统计图表分析法等都可以由基本致因因素的事故发生概率计算整个评价系统的事故发生概率。

② 伤害（或破坏）范围评价法。伤害（或破坏）范围评价法是根据事故的数学模型，应用计算数学方法，求取事故对人员的伤害范围或对物体的破坏范围的安全评价方法。液体泄漏模型、气体泄漏模型、气体绝热扩散模型、池火火焰与辐射强度评价模型、火球爆炸伤害模型、爆炸冲击波超压伤害模型、蒸气云爆炸超压破坏模型、毒物泄漏扩散模型和锅炉爆炸伤害 TNT 当量法都属于伤害（或破坏）范围评价法。

③ 危险指数评价法。危险指数评价法应用系统的事故危险指数模型，根据系统及其物质、设备（设施）和工艺的基本性质和状态，采用推算的办法，逐步给出事故的可能损失、引起事故发生或使事故扩大的设备、事故的危险性以及采取安全措施的有效性的安全评价方法。常用的危险指数评价法有：道化学公司火灾爆炸危险指数评价法，蒙德火灾爆炸毒性指数评价法，易燃、易爆、有毒重大危险源评价法。

（2）按照安全评价的逻辑推理过程，安全评估方法可分为归纳推理评价法和演绎推理评价法。

归纳推理评价法是从事故原因推论结果的评价方法，即从最基本危险、有害因素开始，逐渐分析导致事故发生的直接因素，最终分析到可能的事故。演绎推理评价法是从结果推论原因的评价方法，即从事故开始，推论导致事故发生的直接因素，再分析与直接因素相关的之间因素，最终分析和查找出致使事故发生的最基本危险有害因素。

（3）按照安全评价要达到的目的，安全评价方法可分为事故致因因素安全评价方法、危险性分级安全评价方法和事故后果安全评价方法。

事故致因因素安全评价方法是采用逻辑推理的方法，由事故推论最基本危险、有害因素或由最基本危险、有害因素推论事故的评价法，该类方法适用于识别系统的危险、有害因素和分析事故，这类方法一般属于定性安全评价法。危险性分级安全评价方法是通过定性或定量分析给出系统危险性的安全评价方法，该类方法适应于系统的危险性分级，该类方法可以是定性安全评价法，也可以是定量安全评价法。事故后果安全评价方法可以直接给出定量的事故后果，给出的事故后果可以是系统事故发生的概率、事故的伤害（或破坏）范围、事故的损失或定量的系统危险性等。按照评价对象的不同，安全评价方法可分为设备（设施或工艺）故障率评价法、人员失误率评价法、物质系数评价法、系统危险性评价法等。

2．常用的安全评估方法

安全评估应当根据评估的条件、特点和需要，合理选用安全评估方法。常用的空管安全评估的方法主要有专家评估法、统计分析法、安全系统工程方法、模拟仿真等。

（1）专家评估法。

专家评估法主要是由多方参与的专家通过充分的讨论与分析，进行安全评估。该方法能够集思广益，充分利用资深工作人员和专家的经验定性分析，提出相应的保障措施。该方法的基本程序为：

① 明确需要分析、评估的问题。

② 通过调研访谈、调查问卷、专家评议等形式进行危险的辨识、风险分析以及控制措施的制订。

特点与适用范围：

专家评估法是一种定性的安全评估方法，适用于大多数情况下的安全评估，其特点是简单易行、形式多样，缺点是主观性强、缺乏严密的推理、缜密的计算过程和量化结果。

（2）统计分析法。

统计分析法通过对空管运行历史数据的统计和分析，从而对安全评估的危险辨识、风险分析提供参考和决策依据。其基本程序为：

① 选取相关历史记录；

② 依据历史记录查找危险，并提取关键信息进行统计分析，为风险分析提供参考。

特点与适用范围：

统计分析法与空管运行实际情况结合紧密，缺点是由于历史数据缺乏或不完整往往难以对安全评估形成支持。

（3）安全系统工程方法。

安全系统工程方法以系统工程的方法研究、解决运行过程中的安全问题，是风险评估、事故防范的专门技术。事件树分析是一种按事件发展的逻辑顺序由初始事件开始推论可能的后果，从而进行危险辨识与风险分析的方法。以事件树为例，其基本程序为：

① 确定初始事件；

② 构造事件树；

③ 进行事件树的简化；

④ 进行事件序列的定量化分析。

特点与适用范围：

安全系统工程方法是定性与定量相结合的方法，应用在危险辨识、风险分析和控制措施制订的各个环节上，其优点是分析全面、操作规范，缺点是在处理事理系统问题上缺乏有效手段。

（4）模拟仿真法。

模拟仿真法选取系统的某些特征，用模拟系统来表示其过程，从而进行实验和分析，得出安全评估结论。模拟仿真法包括模拟机模拟和计算机仿真。其基本步骤是利用管制部门模拟机进行模拟验证，结合预期发生的变更情况，将多套练习计划编入模拟机，通过若干次练习来分析系统风险，并有针对性地找出风险控制措施。计算机仿真通过建立系统模型，在计算机上进行模拟和仿真，提供风险分析的量化结果。

特点与适用范围：

模拟仿真法主要应用于风险分析，能够提供较为精确的风险分析结果。计算机仿真一般需要进行建模，并具备较为深厚的专业和计算机知识，难度较大。

3．安全评估方法的选择

（1）安全评估方法的选择原则。

在进行安全评估时，应该在认真分析并熟悉被评价系统的前提下，选择安全评估方法。选择安全评估方法应遵循充分性、适应性、系统性、针对性和合理性的原则。

（2）选择安全评估方法应注意的问题。

① 充分考虑被评估的系统特点。

② 评估的具体目标和要求的最终结果。

③ 评估资料的占有情况及安全评价的人员。

在技术条件许可的情况下，应当尽可能采用定量分析法，必要时可以选用几种评估方法相互验证、综合分析，以提高评估过程的说服力和评估结果的准确性。

7.5 本章小结

安全评估可分为系统安全评估和基于变革的安全评估。系统安全评估是以实现系统安全为目的，应用安全系统工程原理和方法，对系统中的"人—机—环"各方面存在的危险进行全面识别、定性和定量的分析评价，判断系统发生事故的可能性及其严重程度，从而为制订防范措施和管理决策提供科学依据。基于变革的安全评估是安全管理体系（SMS）基于变革管理理论而被确立的方法和要素之一，是指在系统进行重大变革时，需要对系统的安全状态进行评估，通过对可能的风险实施管理，从而为实现组织的安全目标执行必要的变革管理。基于变革的安全评估是从危险的辨识、发生概率、后果严重性分析到根据相关标准和可接受准则进行评价并采取措施降低风险的过程。安全评估的方法有多种，一般按照定量分析和定性分析对所有的安全评估方法进行分类，常用的方法有故障树分析法和事件树分析法。总结的多种应用方法为工作中实施安全评估提供了指导。

复习思考题

1. 简述安全评估的定义。
2. 简述基于变革安全评估的启动条件有哪些？
3. 简述安全评估的流程步骤。
4. 简述常用的安全评估方法。
5. 在安全评估中定量安全评估方法有哪些？
6. 选择安全评价方法应注意的问题有哪些？

第 8 章 安全审计

8.1 安全审计的概念及分类

8.1.1 财务审计

我国"审计"一词最早见于《宋史》。从词义上解释,"审"为审查,"计"为会计账目,审计就是审查会计账目。"审计"一词英文单词为"audit",被注释为"查账",兼有"旁听"的含义。由此可见,早期的审计就是审查会计账目,与会计账目密切相关。

财务审计是独立于被审计单位的机构和人员,对被审计单位的财政、财务收支及其有关的经济活动的真实性、合法性和效益进行检查、评价、公证的一种监督活动。我国的财务审计包括三种类型,即国家审计、内部审计和社会审计。

(1)国家审计是指国家审计机关和审计人员通过审查会计凭证、会计账簿、会计报表,查阅有关文件、资料,检查现金、实物、有价证券,向有关单位和个人调查等方式,依法对被审计单位的财政收支、财务收支的真实性、合法性和效益进行审查和评价的经济监督活动。

(2)内部审计是指部门、单位内部的审计机构和审计人员对本单位及下属单位的财务收支及有关的经济活动,进行内部审查和评价的活动。

(3)社会审计是指依法成立的社会审计机构和审计人员接受委托人的委托,对被审计单位的财务收支及有关经济活动,进行公证、评价的服务活动。

财务审计发展至今,早已超越了查账的范畴,涉及对各项工作的经济性、效率性和效果性的查核。1972年美国会计学会的《基础审计概念的说明》中对审计的定义是:"审计是为了查明经济活动和经济现象的表现与所定标准之间的一致程序而客观地收集和评价有关证据,并将其结果传达给有利害关系使用者的有组织的过程"。同年,美国审计总局对审计下的定义是:审计一语,包括审查会计记录、财务事项和财务报表,但就审计总局的全部工作来说,它还包括如下内容:

(1)查核各项工作是否遵守有关的法律和规章制度;

(2)查核各项工作是否经济和有效率;

（3）查核各项工作的结果，以便评价其是否已有效地达到了预期的结果（包括立法机构规定的目标）。

如果说早期审计是以检查会计中有无差错及财务上有无弊端为其根本目的，现代审计则不仅要查明财务会计中的差错与弊端，还要查明会计账目中反映的财务事项或经济活动是否真实存在、准确可靠，是否符合和遵守有关法律和规章制度，是否经济有效和达到预期效果。更值得说明的是，现代审计的基本目的必须确定被审查对象与所建立的标准之间的一致程序或不一致的地方，否则，审计就变得毫无意义。要实现上述审计目的，审计范围势必要扩展到经济活动、经济现象以及社会责任等方面。

8.1.2 安全审计

安全审计在不同领域都有应用，如道路安全审计、网络信息系统安全审计、民用航空安全审计等。

1．道路安全审计

道路安全审计从 20 世纪 80 年代兴起，是从预防交通事故、降低事故产生的可能性和严重性入手，对道路项目建设的全过程，即规划、设计、施工和服务期进行全方位的安全审核，从而揭示道路发生事故的潜在危险因素及安全性能，是预防交通事故和提高道路安全的新技术手段。

2．网络信息系统安全审计

网络信息系统安全审计，凡是对于网络的脆弱性进行测试、评估和分析，以找到极佳途径在最大限度保障安全的基础上使得业务正常运行的一切行为和手段，都可以叫作网络信息系统安全审计。网络信息系统安全审计有如下要求：

（1）审计应该是发现问题，暴露相关的脆弱性。

（2）全面的安全审计涉及物理安全、安全组织、人员、网络、BCP 等各个方面。

（3）网络信息系统也包括外部审计和内部审计，范围、深度和审计方法都有不同。

3．民用航空安全审计

民用航空安全审计是民航安全管理活动的核心。像财务审计一样，安全审计是系统评估组织实现其安全目标情况的一种方法。安全审计方案连同其他安全监督活动（安全绩效监控）共同为各部门的经理和高层管理者提供与组织安全绩效有关的信息反馈。这种反馈为正在达到的安全绩效水平提供证据。从这一意义上讲，安全审计是一种主动的安全管理活动，提供一种在对安全造成影响之前识别潜在问题的方法。

安全审计可由外部审计当局（如国家管理当局）实施，或者也可在组织内部作为安全管理体系的一部分来实施。向国家管理当局证明组织的安全绩效是最常见的外部安全审计形式。然而，其他利益相关者可能越来越多地要求进行独立的审计，以此作为给予某项特殊批准（如融资、上保险、与其他航空公司合作、进入国外航空市场等）的先决条件。不管审计的动力是什么，内部审计及外部审计的活动内容和产出是类似的。安全审计应依照组织的安全审计方案定期、系统地进行。因此，民用航空安全审计在国际、国内和各系统内部三个层面上进行。这三个层面是：

（1）国际民航组织对各缔约国实施的普遍安全监督审计计划，该计划侧重评估各缔约国的安全监督能力；

（2）我国民航局对民航各企事业单位进行的中国民航安全审计，目的是检查运行系统的安全隐患，督促被审计单位进行安全整改，提高全行业安全运行水平；

（3）各企事业单位进行内部安全审计，各系统对自身遵守政府规章标准、履行安全责任的状况进行系统性的评估，查找和修正本企业安全系统缺陷，这是实施风险管理的有效手段，内部安全审计是履行安全绩效监控职能的主要方法之一，也是任何安全管理体系的一项核心活动。

8.2 ICAO 普遍安全监督审计计划（USOAP）

8.2.1 ICAO USOAP 的定义

国际民航组织普遍安全监督审计计划 USOAP – ICAO（Universal Safety Oversight Audit Program）是 ICAO 对缔约国用全面的系统方法对所有与安全相关的附件条款实施安全监督审计。目标是通过定期对缔约国进行审计促进全球航空安全，并通过评估安全监督系统关键要素的实施情况以及缔约国对 ICAO 与安全相关的标准及建议措施（SARPs）、相关程序、指导材料及安全相关措施的执行情况来确定其安全监督能力。

8.2.2 ICAO USOAP 的实施背景

ICAO 强制性的普遍安全监督审计计划（USOAP）开始于 1999 年，当时仅限于附件 1、6 和 8，目标是通过促进各国执行国际标准和建议措施（SARPS）来加强安全。

2001 年，ICAO 大会第 A33-8 号决议指示 ICAO 自 2004 年起将 USOAP 扩展成为涵盖附件 11—《空中交通服务》和附件 14—《机场》的审计，并指示秘书长在扩展费用不会大幅度增加的情况下，尽快开展将 USOAP 扩展到其他与安全相关领域的研究，特别是对附件 13—《航空器事故和事故征候调查》的核心部分执行审计进行研究。工作和研究结果表明，执行附件 11 和附件 14 的规定与执行其他附件的若干规定相互关联，对这两个附件的审计不能孤立进行；而仅对附件 13 进行单独审计也不具成本效益。

于是 ICAO 大会第 A35-6 号决议决定将 USOAP 扩展至涵盖所有与安全相关的附件条款,并用全面的系统方法取代以前按逐个附件进行审计的方法实施安全监督审计。目标是通过定期对缔约国进行审计促进全球航空安全,并通过评估安全监督系统关键要素的实施情况以及缔约国对 ICAO 与安全相关的 SARPs、相关程序、指导材料及安全相关措施的执行情况来确定其安全监督能力。

新一轮的、采用全面的系统方法的安全监督审计于 2005 年 4 月正式启动,第一个接受审计的国家是加拿大。截至 2006 年 1 月,ICAO 已采用全面的系统方法对 12 个缔约国实施了普遍安全监督审计。USOAP 审计的结果是将最终的审计报告向所有的 ICAO 缔约国公布。

根据国际民航组织(ICAO)的计划,ICAO 于 2007 年 3 月对我国进行了 USOAP 审计,目的是促进国际民航组织标准及建议措施最大限度地在缔约国实施。此次是国际民航组织继 1999 年、2001 年对我国民航进行审计、后续审计之后的第三次审计。1999 年的审计仅针对附件 1、6、8,采用的是对逐个附件实施审计的方法,与前两次审计不同的是,此次审计内容将涵盖 16 个附件,是针对所有与安全相关的附件中所载的与安全相关的规定,采用全面的系统方法进行安全监督审计,重点是审计国家的总体安全监督能力。涉及组织机构、人力资源、财务保障、立法、飞行标准、适航、机场和空中交通管理等诸多领域。

8.2.3　ICAO USOAP 审计的目的和原则

普遍安全监督审计计划的目的是定期对缔约国进行审计,通过评估缔约国对国家安全监督体系关键要素的有效执行情况,以及缔约国对国际民航组织与安全有关的标准和建议措施、相关的程序、指导材料和安全相关措施的实施情况来确定缔约国的安全监督能力,从而促进全球航空安全。

ICAO USOAP 审计遵从下列 8 条原则:

(1)主权原则。每个国家都对其领土之上的空气空间享有完全的和排他的主权。ICAO 充分尊重各主权国家对安全监督的责任和权力,包括对审计发现问题采取整改措施的决定权。

(2)普遍原则。所有的缔约国都必须在与 ICAO 签署的谅解备忘录(MOU)的基础上,接受 ICAO 的安全监督审计以及为此而建立的各种过程和程序。

(3)公开和公布原则。USOAP 审计的过程对所有有关方面是完全公开的。USOAP 审计的最终报告将对所有 ICAO 缔约国公布。

(4)时间原则。审计方(ICAO)和被审计方(缔约国)所有与审计相关的活动都必须在规定的时间内按时完成。

(5)全面原则。审计的范围包括所有与安全相关的附件、空中导航服务程序(PANS)、指导材料及有关的程序和措施中所包含的安全相关规定。

（6）系统、一致和客观性原则。审计将按照前后一贯和客观的方式系统地进行。

（7）公平原则。在遵守时间原则的前提下，缔约国有充分的机会对审计过程进行监控、发表意见和做出反应。

（8）质量原则。审计将遵循广泛承认的审计原则和做法、由经过相应培训的合格的审计员进行。

8.2.4 全面的系统方法

以前的安全监督审计是按逐个附件进行的，这一方法对USOAP的建立和初期审计卓有成效，但由于航空活动的相互关联以及影响安全的因素的广泛性，若用这样的方法评估缔约国的安全监督和执行安全相关规定的能力，则不仅时间较长且费用较高，而且也不可能对航空体系的整体状况进行评估。

USOAP审计的全面的系统方法是用结构化的过程和方法对安全监督审计进行计划、准备、实施、报告、跟踪和评估。

用全面的系统方法实施安全监督审计包括两个阶段：

在第一阶段，通过审议国家航空活动调查表（SAAQ）和相关附件的符合性检查单（CCs）以及帮助其执行SARPs和保持有效的安全监督制度的各项文件，确定对附件规定的执行情况并查明差异。

在第二阶段，ICAO审计组将访问被审计的国家，验证由该国提供的资料，并对该国的总体安全监督能力进行实地审计。实地审计将按照被审计国航空活动的水平和复杂程度进行，同时结合考虑该国为履行其安全监督责任所制订的机制。访问的期限和周期以及审计组的规模将通过审议该国提交的SAAQ和CCs中的信息加以确定。

用全面的系统方法进行的USOAP审计的范围归纳为以下8个核心领域，分别是：

（1）法律和规章（LEG）。

（2）组织机构和安全监督职能（ORG）。

（3）人员执照（PEL）。

（4）航空器运行（OPS）。

（5）航空器适航性（AIR）。

（6）事故/事故征候调查（AIG）。

（7）空中导航系统（ANS）。

（8）机场（AGA）。

8.2.5 安全监督系统的8个关键要素

ICAO为一个国家的安全监督系统界定了8个关键要素（CE），这8个关键要素被视为安全监督系统必要的安全防御工具，是有效实施安全相关政策及其有关程序所必需的。对这 8 个关键要素的有效实施情况被认为是一个国家安全监督能力的标志。USOAP 对一个国家的安全监督能力的评估也是通过评估这 8 个关键要素的实施情况来反映的。

ICAO 为安全监督系统界定的 8 个关键要素是：

（1）基本的航空法（CE-1）。

（2）具体的运行规章（CE-2）。

（3）国家的航空体系及安全监督职能（CE-3）。

（4）技术人员资格及培训（CE-4）。

（5）技术指南、工具及安全重要信息的提供（CE-5）。

（6）许可、审定及批准职责（CE-6）。

（7）监督职责（CE-7）。

（8）安全性问题的解决（CE-8）。

8.2.6　USOAP 审计过程介绍

USOAP 审计的过程分为三个阶段，分别是：审计前（准备）阶段；实地审计阶段；审计后阶段。各阶段时间和工作内容如图 8.1 所示。

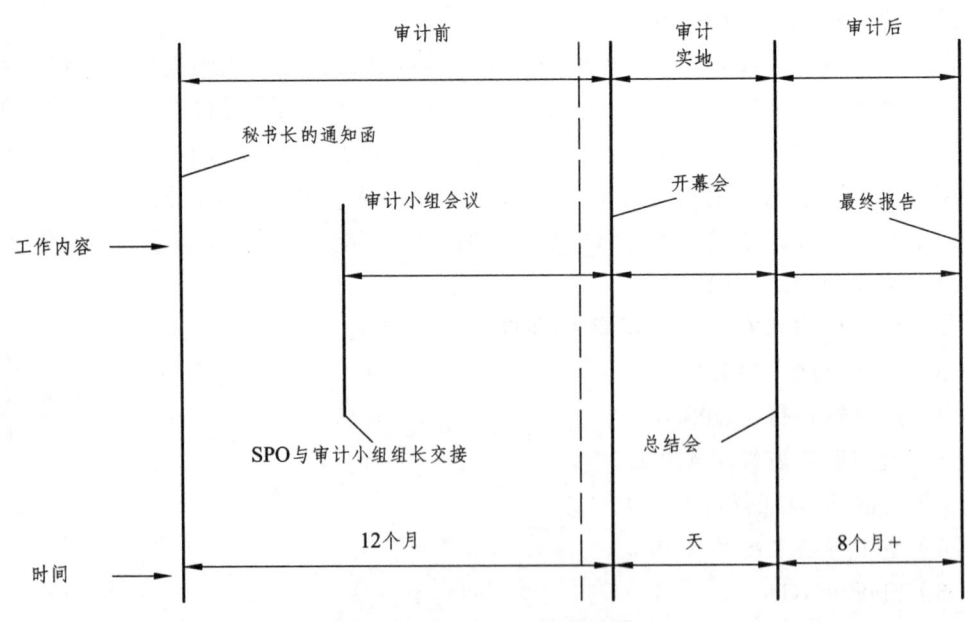

图 8.1　USOAP 审计过程

1．审计前（准备）阶段

审计前阶段自 ICAO 向被审计的国家发出信函通知即将进行的实地审计开始，至实地审计开始前的审计小组会议结束。由 ICAO 秘书长签发的通知函通常在实地审计前 12 个月发出。

审计前（准备）阶段的主要工作——国际民航组织

（1）审阅即将被审计国家提交的有关资料（SAAQ，CCs，以前的审计报告，被审计国提交的其他资料等）；

（2）任命审计小组；

（3）根据 SAAQ 和 CCs 中提供的信息确定审计的规模和范围；

（4）审计小组组长最迟在实地审计前 6 个月确定；

（5）审计小组的组成最迟在实地审计前 2 个月通知将被审计的国家；

（6）制订审计计划及实地审计日程安排；

（7）举行实地审计前审计小组内部会议。

审计前（准备）阶段的主要工作——被审计国要做到以下两点：

① 交所有认真、准确地完成 SAAQ、CCs 并确保在实地审计前 90 天之前提的更新信息；

② 进行审计准备。

2．实地审计阶段

实地审计阶段以审计双方正式的开幕会开始，至实地审计总结会结束为止。实地审计阶段的工作内容包括：开幕会、实地审计、起草审计发现问题和建议措施、总结会。

（1）开幕会：

① 审计小组成员介绍；

② 审计小组组长介绍全面的系统审计方法；

③ 被审计方介绍（组织机构、法规体系、人员状况、航空活动等）；

④ 落实各项审计安排（日程、陪同人员、工作时间、后勤保障等）。

（2）实地审计：

① 审计小组全体审计员集体对 LEG 和 ORG 进行审计；

② 审计员分成不同的专业组分头进行审计（8 个核心领域）；

③ 审计将严格按照已确定的日程安排进行。

（3）起草审计发现问题和建议措施：

① 审计员在证据的基础上起草发现问题和建议措施，缺少证据通常被认定为审计发现问题；

② 审计员在实地审计时会对每个可能的发现问题再三确认。

（4）总结会：

① 各审计专业组向被审计方简要通报审计情况和评价：

a. 不具体介绍审计发现的问题和建议措施；

b. 对审计发现的问题不再讨论。

② 审计小组组长详细说明审计的后续安排以及要求被审计国做出回应的具体的时间要求。

③ 被审计方表示感谢并对整改措施做出承诺。

3. 审计后阶段

审计后阶段自实地审计总结会结束时开始，至 ICAO 公布最终的安全监督审计报告终止。

审计后阶段的工作主要是：

（1）ICAO 在规定的时间内完成审计中间报告和最终报告的准备；
（2）被审计国在规定的时间内提交整改计划报告和有关的反馈意见。

8.3 中国民航安全审计（CASAP）

8.3.1 中国民航安全审计的定义

中国民航安全审计（China Aviation Safety Audit Program，CASAP）是民航总局依据国际民航组织标准和建议措施、国家安全生产法律法规及民航规章、标准和规范性文件，对航空公司、机场、空管等单位进行的符合性检查，属政府安全监管行为，是旨在强化政府安全监管执行力的重要举措。

中国民航安全审计的提出和发展时间如图 8.2 所示。

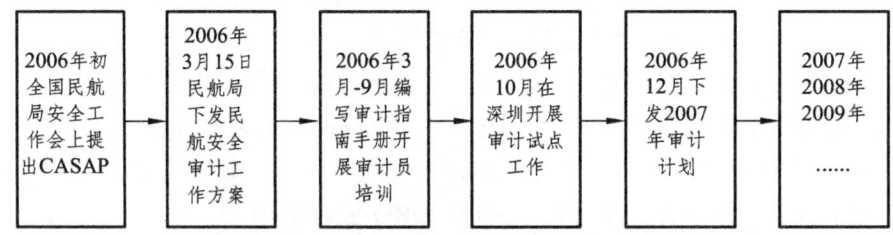

图 8.2 中国民航安全审计的提出和发展时间

8.3.2 中国民航安全审计实施指南

为规范民航局对国内航空运输承运人（航空公司）、机场、空管等单位的安全审计工作，依据国际民航组织标准和建议措施、《中华人民共和国安全生产法》《中华人民共和国民用航空法》及相关法规、规章、标准和规范性文件，中国民航局制定了《中国民航安全审计指南》。该指南是我国民航实施安全审计的办法和方案，内容包括七章：总则、定义和术语、安全审计的一般规定、安全审计组织机构及职责、安全审计工作程序、安全审计员资格与培训、安全审计文档管理。具体内容参见《中国民航安全审计指南》。

8.3.3 空中交通管理安全审计

1．空管安全审计的定义

空管安全审计是针对空中交通管理系统进行的一种有组织的、客观的系统性核查活动，以判断被审计对象的安全运行体系与相关法规、标准的符合程度。

2．空管安全审计的范围

空管安全审计的范围涉及空管的安全管理、组织保障及各个空管运行环节（主要包括空中交通管制服务、航行情报服务、航空气象服务、航空通信导航监视保障等）。

3．空管安全审计的依据

空管安全审计的直接依据是《中国民用航空安全审计指南》和《空管安全审计手册》，紧紧围绕规章，严格按照安全审计检查单内容逐项逐条进行符合性检查。

4．空管安全审计手册

为了规范和指导民航空管组织开展空管安全审计工作，根据民航局组织开展安全审计的总体要求和《中国民用航空安全审计指南》，参考国际民航组织安全审计的有关文件，民航空管管理部门制定了《空管安全审计手册》。《空管安全审计手册》主要内容包括：空管安全审计检查单、空管安全审计检查单与安全审计要素对照表、安全审计样本抽样检查表、被审计单位基本情况报告要求。"空管安全审计检查单"是审计手册的主要内容，2007年"空管安全审计检查单"共计包括1 808个审计项，2008年对"空管安全审计检查单"进行了修订，更侧重于安全管理能力的审计；条目下设检查点，减少审计项总数，平衡权重；删除了不符合工作实际的条款；删除重复检查条目新增；补充了部分条目，因此，2008年审计项减少为850项。

8.4 安全审计与安全管理体系的关系

8.4.1 概念辨析

1．外部（局方）安全审计

安全审计分外部（局方）安全审计和内部安全审计。局方安全审计侧重于政府对企事业单位的安全监管，对安全管理体系的符合性及其有效性的总体状况进行评估，通过安全审计，促进企事业单位达到实施安全管理体系的要求；同时，局方通过全面的安全审计，判断被审计对象的安全运行体系与相关法规、标准的符合程度。外部（局方）对SMS的初始评审主要是对SMS"规章符合性"和"满足规章能力"的评审；对SMS的持续审计将由"规章符合性监管"的审计变为"基于绩效的监管"的审计。

2．内部安全审计

内部安全审计是 SMS 的要素之一，是 SMS 监督、测评和危险源辨识的手段之一；内部安全审计也是空管单位合规性评价制度的体现，是针对系统进行的一种有组织的、客观的、全面的、周期性的系统性核查活动，以判断本单位的安全运行体系与相关法规、标准的符合程度。

3．SMS 内部审核

SMS 内部审核是空管单位自我组织的体系审核，是对空管单位 SMS 各要素的符合性、有效性和效率性的评价，是体系建设和持续改进、完善的要求。

8.4.2 安全审计和 SMS 审核的实施

由于安全审计和安全管理体系的渊源和联系，空管单位可以安全审计活动为基础，开展安全管理体系要求的认证、监审、复评和内审等活动。具体实施方案如下：

（1）在初次 SMS 局方认证通过后，民航局目前是每 5 年对空管单位进行一次安全审计，因此，空管单位可在 SMS 试运行内部审核并通过局方 SMS 认证后，对于全面的内部安全审计，各地区空管局可在局方安全审计前 6 个月组织完成对所辖地区空管单位的内部安全审计，民航局空管局可在局方安全审计前 6 个月组织完成对各地区空管局的内部安全审计，但当空管单位的安全水平明显下滑时，上级空管单位可组织对该空管单位进行一次全面的内部安全审计；

（2）内部安全审计作为 SMS 监督、测评和危险源辨识的手段，空管单位可根据各自单位的安全运行情况，适时自我组织进行内部安全审计；

（3）对于 SMS 体系的内部审核，则按照体系审核的要求，各单位应每年至少自我组织进行一次 SMS 内部审核，以符合体系建设和完善的要求。SMS 内部审核可与质量管理体系（QMS）认证活动中对内审员的管理进行整合，强化 SMS 内审人员的管理，提高评审的质量，最后达到既符合局方对 SMS 的要求和通过外部审计，又保持安全管理体系持续的符合性、适宜性和有效性。

8.5 本章小结

本章介绍了安全审计的相关概念和安全审计的类型，重点介绍了国际民航组织（ICAO）对于民航安全审计和管理的相关内容，全面系统地解释了安全监督系统的关键要素和安全监察审计的方法。同时，介绍了安全审计和安全管理的关系，以及空中交通管理安全审计的相关内容。

通过对民航安全审计详细系统的介绍和分析，强化了审计人员的管理质量，为安全审计方面工作实施提供了方法指南，同时保持了安全管理体系的有效性和适宜性。

复习思考题

1. 简述安全审计的概念及分类。
2. 安全审计一般应用在哪些领域？
3. 国际民航组织（ICAO）普遍安全监督审计计划的目标是什么？
4. 针对全面的系统方法进行的 USOAP 审计的范围有哪些？
5. ICAO USOAP 审计应遵从哪些原则？
6. 简述 USOAP 审计过程所经历的几个阶段。
7. 简述我国民航安全审计工作面临的问题和矛盾。
8. 简述安全审计与安全管理体系的关系。

第 9 章　安全分析和安全绩效监控

9.1　安全分析与安全研究的方法

9.1.1　安全分析方法

民航空管运行单位应当建立安全信息收集和综合分析制度,明确职责、程序和方法,对与安全相关的各类安全信息进行收集、分析和利用,对本单位各项风险控制措施的实施、效果情况进行监控和评价。安全分析方法有:

1．统计分析

此方法可用于评估觉察到的安全趋势的意义,它经常在分析结果的图示中有描绘。虽然数据分析可能得出关于某些趋势的强大信息,仍必须慎重考虑数据质量和分析方法以避免得出错误结论。

2．趋势分析

通过监测安全数据中的趋势,可对未来事件做出预测。趋势可能是出现危险的征兆。

3．规范性比较

可能没有充分的数据来提供事实依据,借此对可能事件情况做比较。在此情况下,可能有必要从相同运作情况下的真实经验取样。

4．专家小组

同事和专家的见解,有利于评估与不安全状况相关的危险组成多学科的小组去评价不安全状况,能够帮助确定最佳纠正措施的方针。

5．成本效益分析

接受建议的安全风险控制措施,可依赖于可信的成本效益分析。实施建议的措施的成本,要权衡根据时间的期望效益。成本效益分析可以提出,接受安全风险后果的容忍度要考虑到实施纠正措施所需的时间、努力和成本。

9.1.2 安全形势分析会

民航空管运行单位定期召开安全形势分析会，分析和判断安全生产形势，对前一阶段的工作进行总结，并对以后的工作进行部署。当出现不利于民航空管安全运行的因素或者已经发生影响民航空管运行的严重事件时，民航空管运行单位应当及时召开会议，研究制订针对性措施。

空管系统各大单位应当建立或健全安全会议制度，通过定期与不定期召开安全委员会、安全工作会、安全座谈会、安全研讨会等形式，对安全工作进行总结，分析和判断本单位安全生产形势，制订相应措施，并对下一步工作进行部署。

9.2 安全绩效监控的方法与手段

9.2.1 安全检查

1. 安全检查的定义

安全检查是安全监督的一种最常见和最直接的形式，是对空管单位内某一方面或几个方面及出现的某些征兆所进行针对性的检查活动，是灵活的、点对点的安全监督检查，也是危险源辨识的常用方式。

空管单位应建立健全安全监督检查机制，通过安全监督检查或包括运行质量监督等其他适宜的手段，对系统内的空管安全管理、管制运行、设备保障、气象及情报服务等方面进行持续监督和过程控制，以确保空管安全管理、运行及保障不低于行业法律法规、规章及其标准等相关要求。根据所有的法律法规实施正常的安全检查，具体的安全政策样例见附录8。

2. 安全检查的内容

（1）各种法律、法规、规章、命令、指令、手册的贯彻执行及近期各级安全工作要求的落实；

（2）安全教育、业务培训的实施，各类运行不正常情况及不安全事件信息的管理，安全措施的落实；

（3）基于存在隐患和风险的整改措施或缓解措施，包括：内部问题的解决，如规章制度缺陷的梳理修订、违规操作的改正措施；外部威胁的应对，如运行环境的改善、业务量增长的业务管理增强措施等；

（4）空管保障设备系统的配置优化、预防性维护、维修和保障系统的持续稳定措施；设备用户反映问题的解决落实措施；

（5）单位主要领导和分管安全的领导对安全工作管理情况；安全管理组织机构的人员、设备配备和职能发挥情况；

（6）复核各种工作差错的内部处理情况，如人员教育及再培训、案例分析、整改措施等；

（7）上级要求的各类专项检查内容及其他需要检查的内容。

3．安全检查的形式和类型

（1）安全监督检查可采用单位内部的自查、同一级相关机构的交叉检查和上一级机构的巡查等方式；

（2）安全监督检查的类型可分为，日常性运行质量监督、特殊阶段（如换季、节假日保障准备工作检查、安全形势滑坡、保障量突增等）的安全监督检查、专项安全活动或专项检查等；

（3）安全监督检查的方式可采用听取汇报、召开座谈会、人员访谈、实地检查、现场跟班、查阅有关记录或资料（含录音录像抽查）、理论测验及考试和意见征询等。

4．安全监督检查人员

（1）安全检查人员应经过资质确认。在空管系统安全监察员资格吊销后，应有自己的有关检查的资格认证。除各专业的技术检查员外，民航局空管局应有监督检查人员的相关队伍建设；

（2）应对安全检查人员进行管理，包括培训和考核等内容。

5．安全检查结果及相关资料的归档

（1）安全检查的计划、实施过程的资料、检查结果通知单等应完整归档留存，原则上资料均留存在实施主体或同级的安全管理部门；

（2）对检查中发现安全隐患、系统缺陷、违规操作等问题，检查人员应当向被检查部门及其他有关部门提出纠正意见并协商整改期限，并体现在检查结果通知单内。检查结果通知单由被检查单位负责人和检查人员同时签字认可；

（3）安全管理部门应当将安全检查有关情况通报相关部门，并对整改措施的落实和效果进行跟踪复查。

9.2.2 安全绩效管理

为持续保持空管安全管理体系的适宜性、充分性和有效性，空管单位应持续开展安全监督和测评活动，定期进行安全绩效考核、内部审计和管理评审，评价安全管理体系实施的效果，通过内部安全监督网络及时发现系统缺陷，形成有效的纠正措施和程序，实现闭环管理，不断改进和提高空管安全管理体系。

1．安全绩效管理的有关概念

（1）绩效管理。

绩效是指对应职位的工作职责所达到的阶段性结果及其过程中可评价的行为表现。所谓绩效管理是指管理者与员工之间就目标与如何实现目标上达成共识的基础上，通过激励和帮助员工取得优异绩效从而实现组织目标的管理方法。绩效管理是战略执行工具，是目标管理的一个方法，绩效管理的最终目标是实现组织的目标。

（2）安全绩效管理。

安全绩效管理是以可接受安全水平（ALOS）为基础，通过安全绩效指标和安全绩效目标设定安全目标体系，通过安全要求来实现这些目标。然而可接受的安全水平是一种状态，由安全绩效目标及其相关指标来定义。其中绩效目标体系是从组织使命开始，到组织战略目标，再到业务重点和关键绩效指标（KPI，Key performance indictor），最后层层落实到管理个体，从而建立起了基于组织战略的组织目标责任体系。

安全绩效管理也是一个组织依据制订的安全目标及为实现目标所将执行的一系列安全管理绩效指标，将目标和安全管理绩效指标分解为一个个可量化的、可实现的单一指标，以协议的形式分解至相对应的责任部门和责任人。通过对这些指标完成情况的持续监控和定期考核，确定本组织安全管理体系是否依照预期运转，确定是否需要采取措施以提高安全绩效水平，以达到预期安全目标的管理方式。

安全绩效管理不仅要注重安全结果，更要重视达到目标的过程，是一个包括绩效计划（设定目标、达成共识、形成实施计划、落实绩效责任）、绩效辅导（评估、指导和调整）、绩效考核（测量标准、实施方法）和绩效反馈（激励与改进）的循环，任一环节都不可或缺，而绩效考核是绩效管理的核心环节。关于 SSP 的安全绩效管理，SSP 制定了安全管理体系建设的相关要求，以确保国家的每个服务提供者都实施必要的危险识别和风险管理控制，同每个服务提供者就其安全管理体系拟达到的"可接受的安全绩效水平"达成一致（见 3.3.4 小节）。SMS 安全绩效管理是 SMS 风险管理和其他安全管理活动、生产运行行为得以有效执行的必要保障，也是组织安全水平持续可控和提升的必备手段。它要求组织在注重工作产品优质输出的同时，重点关注安全品质的输出。为此，安全绩效管理需要对作业活动的分解过程和状态进行监测和考评，而这些过程必须是以组织可接受的作业活动的最低标准为基准来实现的，也就是组织的各级岗位细化了的安全工作目标项的具体表现。

对于空管安全绩效管理，其目的是为了理清空管内部相关检查考核项目，制定系统、全面、科学、合理的安全绩效管理体系，使对安全运行状况的检查和安全运行水平的监测做到思路清晰、运作流程顺畅，从而做到对安全管理工作合理有效的监督、测评和持续改进。安全绩效考核只是安全绩效管理中的一个环节。安全绩效管理包括制订安全绩效目标、行动计划、风险实时监控、绩效目标评估和调整、安全绩效考核、绩效反馈与绩效面谈、绩效考核结果的应用等多个环节，体现 SMS 闭环管理的思想，形成螺旋上升的安全绩效改进过程。

（3）安全绩效考核。

安全绩效考核是安全绩效管理的一个重要组成部分，是依据既定的标准，通过系统的方法来评定和测量部门、员工对职务所规定安全职责的履行程序，以确定其安全工作成绩的一种管理方法。可通过考核方式、考核指标构成、考核指标等级评定方法、考核指标权重等部分论述空管单位安全绩效考核的具体内容和方法。空管单位安全绩效考核应对所有的结果性和过程性指标进行量化处理，通过安全风险实时监控对所有指标的达成情况进行实时监控，基于考核周期内获取的安全绩效数据，对安全绩效进行评估。其中安全绩效考核指标体系包括安全后果、安全管理和安全运行等三类指标。其中，安全后果以定量指标为主，安全管理和安全运行以定性指标为主。

（4）安全绩效指标、目标和安全管理绩效指标。

安全绩效指标是一种对航空组织或部门安全绩效的计量标准。

安全绩效目标是组织内部为达到上级所定安全绩效指标，结合本单位实际制定的、量化的安全绩效计量标准，是本单位所期望达到的安全水平。安全绩效指标通常可分为若干可量化的安全绩效目标，分别下达至不同的部门或岗位。安全绩效目标可以和安全绩效指标相同，但通常情况下会高于安全绩效指标。

安全管理绩效指标是按照有关法律法规及上级有关安全管理规定、上级下达的安全管理绩效指标集合本单位实际情况制定。安全管理绩效指标包括法定安全管理活动，如管制员每年不少于40小时雷达模拟机培训，安全生产月活动等。

安全管理绩效指标还包括上级下达的安全管理绩效指标及本单位制定的安全管理绩效指标，如每月进行一次安全检查，组织开展一次内部安全审计等。安全管理绩效指标中的阶段性安全管理活动应明确起始时间，所有安全管理绩效指标都需要明确责任单位、责任人和完成标准。

为实现组织的安全绩效指标和安全绩效目标，必须设定一系列的安全管理绩效指标，只有通过这些安全管理活动，才能有效地保证实现安全绩效指标和安全绩效目标。这些安全管理绩效指标也同样需要分解至相对应的责任部门和责任人。通过对这些安全管理指标的实现及安全管理活动的持续监控，确定本组织安全管理体系是否依照预期运转，确定是否需要采取额外的措施以提高安全绩效水平，达到预期的安全目标。安全管理绩效指标包括对各部门的安全管理、运行管理、培训管理、设备维护、应急演练等日常安全管理工作的具体要求。如："每月要定期召开一次安全生产形势分析；管制单位要有日讲评制度等"，安全管理绩效指标除对日常安全管理工作进行设定外，还应包括根据上级要求和本单位具体情况设定的其他安全管理活动，包括设备建设、附加的培训、规章建设等阶段性安全管理工作，如："在今后24月内，所有管制员必须通过ICAO管制员3级英语考试""12个月内，要安装ILS设备、2年内要完成SMS建设等"。阶段性安全管理工作可以在年度工作任务中下达，也可以根据实际情况及时进行增加或减少。

安全绩效指标、目标与安全管理绩效目标的关系：安全绩效指标是用来确定是否已达到可接受的安全水平的计量标准;安全绩效目标是与可接受的安全水平相关的量化的目标;安全管理绩效指标是实现安全目标的工具和手段。

2．安全绩效管理的基本方法

安全绩效管理是将本组织的安全绩效指标及为完成这些指标而设置的安全管理绩效指标按照分工分解到各个责任单位、落实到人。通过对各责任单位的指标完成情况持续监控及定期考核,及时发现问题、相互沟通,不断改进各责任单位的安全管理工作和优化安全绩效管理方法,不断提高组织的安全管理水平。

3．安全绩效指标、目标和安全管理绩效指标的设计

安全绩效指标通常以引起危害的某事件的发生频率来表示,通常用下列方式描述:
(1) 事故×起/10万小时;
(2) 事故×起/每年;
(3) 事故征候×起/万架次。

安全绩效目标可以用绝对或相对单位数字表示。如:每10万架次,事故征候不超过1起,或事故征候比去年减少50%。

在运行单位的安全绩效指标是和安全绩效目标相一致的,在安全绩效管理过程中,可以和安全管理绩效指标一起通称为安全绩效指标。安全绩效指标设计,通常使用《安全绩效考核量表》的形式,在考核表上,列明指标、要求、责任单位、责任人、考核方式等内容,便于考核者和被考核者了解安全绩效考核的内容、达到标准的方法及本组织的安全态势。

4．安全绩效管理的主要步骤
(1) 安全绩效指标设计;
(2) 签订责任书;
(3) 持续监控;
(4) 持续改进;
(5) 绩效考核;
(6) 奖惩;
(7) 信息管理(录入数据库)。

9.3 本章小结

安全分析和安全绩效监控主要包括安全分析与安全研究的方法以及安全绩效监控,民航空管运行单位通过各种安全分析的方法建立安全信息收集和综合分析制度,明确职责、程序和方法,对与安全相关的各类安全信息进行收集、分析和利用,对各

项风险控制措施的实施、效果情况进行监控和评价。通过安全检查的形式，对空管单位内某一方面或几个方面及出现的某些征兆进行针对性的检查活动。

通过组织依据制订的安全目标及为实现目标所将执行的一系列安全管理绩效指标，将目标和安全管理绩效指标分解为一个个可量化的、可实现的单一指标，以协议的形式分解至相对应的责任部门和责任人，以达到安全绩效管理的目的，通过对这些方法的实施和对指标的考核，以保证安全管理体系依照预期运转，以达到预期的安全目标。

复习思考题

1. 安全检查的定义是什么？
2. 安全检查的内容是什么？
3. 什么是安全绩效管理？
4. 安全绩效监控的方法与手段有哪些？
5. 安全分析方法有哪些？

第 10 章　事故与不安全事件

10.1　事故与不安全事件的有关概念

按照国际民航组织（ICAO）附件13《航空器事故和事故征候调查》中的定义，事故是指出现了如下情况的事件：

（1）在登上航空器准备飞行直至下了航空器为止的时间内，所发生在航空器内部与该航空器运行有关的，或与航空器的任何部分（包括已脱离航空器的部分）直接接触，或直接暴露于喷流的致命伤害或重伤事件。但由于自然原因，由自己或由他人造成的受伤，或对由于藏在通常供旅客和机组使用区域外的偷乘飞机者造成的受伤除外。（仅为统计上的一致，根据国际民航组织规定，凡从事故之日起30天内造成死亡的受伤，均作为致命伤害）。

（2）航空器受到损害或结构故障，对航空器的结构强度、性能或飞行特性造成不利的影响，通常需要大修或更换有关受损部件，但当损坏仅限于发动机整流罩或附件的损坏造成的发动机故障或损坏除外；或当损坏仅限于螺旋桨、翼尖、天线、轮胎、制动器、整流片、航空器蒙皮的小凹坑或穿孔除外。

（3）航空器失踪或处于完全无法接近的地方。（在官方搜寻工作已结束仍不能找到残骸时，即认为航空器失踪）。

我国根据国际民航组织的要求制定了飞行事故等级划分标准，《民用航空器事故和飞行事故征候调查规定（CCAR-395-R1）》中指出民用航空器事故是包含用航空器飞行事故和民用航空地面事故。《民用航空器飞行事故等级（GB 14648-1993）》中规定了民用航空器在运行过程中发生飞行事故的等级划分准则和分类指标，以及国务院令第493号《生产安全事故报告和调查处理条例》是确定航空器事故等级的依据。

事故征候是在航空器运行阶段或在机场活动区内发生的与航空器有关的，不构成事故但影响或可能影响安全的事件，根据中华人民共和国民用航空行业标准《民用航空器事故征候（MH/T 2001-2015）》将民用航空器事故征候分为运输航空严重事故征候、运输航空一般事故征候、通用航空事故征候和航空器地面事故征候。

空管不安全事件是指因空管单位、个人或设施设备原因影响安全运行的事件，包括空中交通管制、通信导航监视、航空气象及航空情报等方面的事件。

10.2 不安全事件报告制度

不安全事件的报告制度分为强制报告制度和自愿报告制度。强制报告制度适用于空管系统空中交通管制单位，自愿报告制度适用于空管系统各单位及全体人员。

10.2.1 强制报告制度

凡发生属于强制报告的事件后，事发所在地的空管系统空中交通管制单位应当按照以下报告程序和时限报告。

1．强制报告的事件

（1）民航提供管制服务的航空器与航空器之间和民航提供管制服务的航空器与非民航提供管制服务的航空器之间小于规定间隔；

（2）民航提供管制服务的航空器与地面障碍物之间小于规定间隔；

（3）民航提供管制服务的航空器飞入禁区、危险区、限制区；

（4）由于民航空管设备保障和航行情报原因造成航空器不能按照计划正常飞行；

（5）由于民航气象或管制原因造成向航空器提供了错误的高度表拨正值且未及时纠正；

（6）由于非正常原因造成民航提供管制服务的航空器偏离航线；

（7）其他对飞行安全和飞行正常造成影响的事件。

2．报告程序

（1）事件发生后，事件发生所在地的空中交通管制单位应当通过电话立即将简要情况报告所在地区管理局调度室。管理局调度室应当立即将情况报告总调度室。

（2）事件发生所在地的空中交通管制单位应当在事发后24小时内填写《空管不安全事件报告表》，并报告所在地区管理局调度室。

（3）管理局调度室收到《空管不安全事件报告表》后，应立即报告总调度室，并通报给所在地区空管局安全监察处和相关部门。

（4）总调度室收到《空管不安全事件报告表》后，应通报给总局空管局安全监察处和相关部门。

10.2.2 自愿报告制度

1．自愿报告的内容

自愿报告的内容，是指空管系统各单位或工作人员在日常工作中发现的，可能不利于保证飞行安全的情况。包括：规章制度、标准、工作程序、工作环境、人员培训、设备保障等方面存在的缺陷。

2．自愿报告的方法

自愿报告可通过邮寄、电子邮件及传真等方式发至总局空管局安全监察处或地区空管局安全监察部门。

3．自愿报告的处理

（1）接到自愿报告的空管安全监察部门，应对报告内容认真进行整理、分析、归类，并进行保密处理，避免因处置不当给自愿报告者带来影响。

（2）接到自愿报告的空管安全监察部门，对自愿报告进行处理后，将有关内容通报给有关部门。

（3）严禁任何单位和个人对自愿报告者进行打击报复，一旦发现对自愿报告者打击报复的，将严肃查处。

10.3　不安全事件调查

不安全事件调查应遵循客观公正、全面深入的原则。

客观公正原则：事件调查应当坚持实事求是的原则，客观、公正、科学地进行，不得带有倾向性。

全面深入原则：事件调查不但应查明造成事件的直接原因，还要查明事件发生过程中的其他原因，深入分析产生这些原因的因素，包括：人的原因（思想、身体、技术、规章制度的执行情况等），环境原因（空域环境、飞行程序设计、工作环境、设备保障、信息服务等），管理原因（规章制度、人员培训、班组人员搭配、岗位设置、设备资源配置、后勤保障等）各方面存在的缺陷；事件调查不但应遵循上述原则，还应当查明和研究与本次事件的发生无必然联系，但在特定条件下可能对空管安全构成威胁的隐患。

事件调查可采取下列方式：

（1）听取事发单位对事发过程和原因的汇报；

（2）查阅值班记录、进程单、规章制度、管制协调移交协议、培训记录等与该事件相关的资料，对雷达录像、陆空通话和管制协调移交电话录音进行分析；

（3）向当事人及相关人员询问事发情况，包括：事发过程的描述、空中飞行活动状况、现场工作情况、事发直接原因及引发事件的间接原因、技术状况、身体状况等；

（4）了解事发过程中通信、雷达等相关设备的运行情况和天气、环境等状况。

不安全事件调查报告的内容包括：

（1）事发经过。包括：事发日期、事发过程及事发过程中所涉及的航空公司、航班号、机型等内容；

（2）责任单位；

（3）责任人的身体、技术状况；

（4）事发过程中通信、雷达等相关设备运行状况和天气状况；

（5）事发过程示意图和陆空通话录音及有关协调移交录音；

（6）引发事件的直接原因和间接原因；

（7）调查中发现的空管运行及安全管理上存在的不足；

（8）改进空管安全工作的建议。

事件调查报告应在事件调查完成后 5 天内提交给上级有关部门，并及时发布安全信息。

10.4 不安全事件分析

10.4.1 不安全事件的分析框架

10.4.1.1 人因分析框架

不安全事件分析框架中，使用最广泛的莫过于人因分析框架。现代民航安全管理理论和各项统计数据表明，人在空管不安全事件的发生中占有绝对主导作用。因此，如何分析和防止不安全事件中人的因素是安全管理研究的重点。目前使用最为成熟的人因分析模型有 SHELL 模型，Reason 模型，HFACS 模型和我国学者提出的基元事件分析法。人因分析框架如图 10.1 所示。

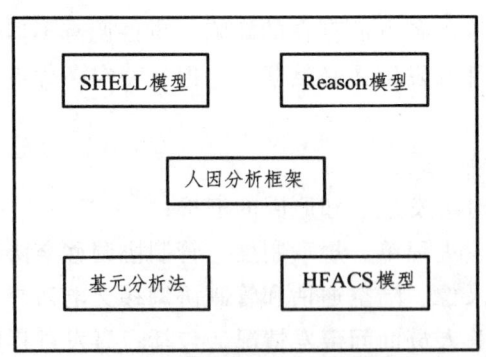

图 10.1 人因分析框架

1．基元分析法

我国学者刘汉辉提出了用于分析航空事故原因的基元事件分析法。基元事件分析法基于事件链分析法，将导致事故发生的原因进行分解，每一个最小单位的原因就是一个基元事件，也就是基元事件分析法中的一个基本单元。事故的原因是许多基元事件连续发生所导致，因此只要能够控制基元事件中的几个甚至一个事件的发生，就能够减轻事故的严重程度，或者阻止事故发生。基元事件存在于人—机—环境系统当中，有时候这些基本元素之间会产生不匹配或者错误，此时基元事件的连锁就会导致系统出现异常。可能其中的某个基元事件并不是系统出现异常的直接原因，但由于该事件与导致系统异常的基元事件之间存在一定关系，因此基元事件之间的相关性也决定了基元事件链的分析方法能够正确地获得事故原因的信息。基元事件的相关性指标也随之分为人、机、环境、人—机、机—环境、人—环境 6 类。基元分析法如图 10.2 所示。

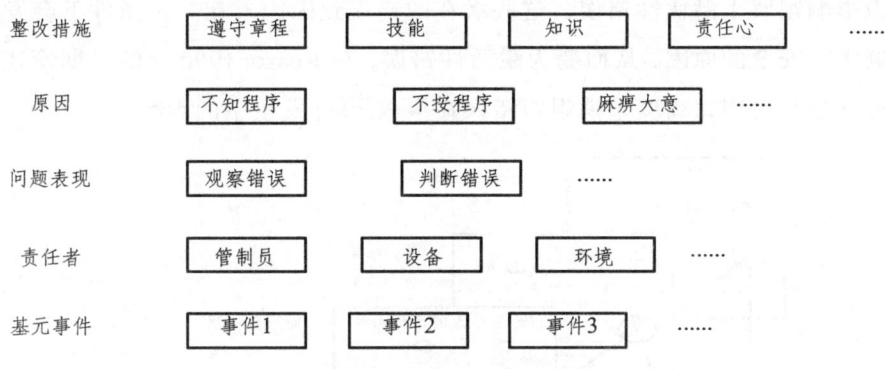

图 10.2　基元事件分析法

2．SHELL 模型

SHELL 模型是用于表述民航不安全事件中人的因素概念的模型。最初由爱德华教授于 1972 年提出，霍金斯教授在 1975 年予以修改发表。该模型表明了航空系统中飞行员构成界面的四个要素及其相互关系。飞行驾驶舱环境中人为差错容易产生于人与硬件，软件，环境以及其他人之间的接点上。这些接点也被称为 SHELL 模型的四个界面：L-S 界面，L-H 界面，L-L 界面，L-E 界面。其中 S（Software）代表软件，H（Hardware）代表硬件，E（Environment）代表环境，L（Live ware）代表人。L-S 界面指人与软件之间的关系，研究合理的飞行程序，检查单程序以及应急程序等问题，以便简化飞行作业环节，减少人的劳动负荷和劳动强度。L-H 界面是指人与硬件之间的关系，研究飞行员与显示器，操纵器之间的相互适应问题，以使人机界面设计更适合人的要求。L-E 界面指人与环境的关系，研究特定环境的噪音，振动，高低温，加速度，生物节律，时差等对飞行员的影响以及适应过程和反应规律。L-L 界面指人与人之间的关系，研究机组成员之间，机组与航管人员，签派人员之间的人际关系，个体交流，机组协作与配合，机长的领导艺术等管理心理学和社会心理学。人是模式的中心，是整个系统最关键、最灵活的要素，也是系统中适应能力最强的组成单元，其他部分必须与之相匹配而适应。SHELL 模型最初为研究飞行不安全事件提出的，但其原理适用于民航所有不安全事件的分析和预防。

3. Reason 模型

瑞森（1990）的事故链模型以组织为取向，强调组织因素对事故及不安全行为的作用。瑞森认为失效分为两种：激活性错误（active failures）和潜伏性错误（latent failures）。前者会对系统造成现时负面影响，由不安全行为，即人的错误，特别是飞行员的错误所致；后者具有延滞性，由组织过程中错误的决策、监察不力及操作者准备不充分等原因，即导致错误产生的威胁因素所致。在这里，不安全的行动一般指飞行机组的不良行为，属于激活性错误的范畴；不安全行动的前提条件、不安全的监控以及组织影响则属于潜伏性错误，这些潜在的错误致因因素在一定条件下会发展成为直接影响飞行安全的原因，从而变为激活性错误，在 Reason1990 年的早期论述以及其他学者的许多论著中，高度重视组织错误在事故/事件发生中的影响。

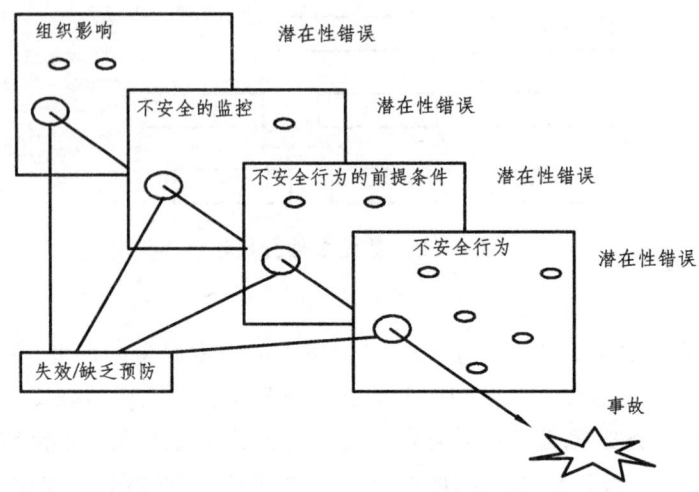

图 10.3　Reason 模型

4. HFACS 模型

2001 年，在 Reason 模型的基础上，Scott A. Shappell 与 Douglas A. Wiegmann 两人综合分析了来自美国军方及民用航空的飞行数据，提出了"人因分析与分类系统（The Human Facors Analysis and Classification System，HFACS）"。HFACS 模型总结了 Reason 模型所提出的导致事故发生的 4 个层级的原因，并在此基础上将每个层级进行了具体化，是系统取向的人因事故分析方法。HFACS 模型是分类较为完善，且应用十分广泛的工具之一，以航空为中心。在航海、铁道、煤矿、医疗、核电等领域均被采用。使用 HFACS 模型可以得出事故原因中的人为因素，并且能够从表层行为原因追溯到深层组织原因，无论在事故原因的确定还是防范措施的制定上，都具有重大意义。HFACS 模型所描述的事故原因的 4 个层级如图 10.4 所示。

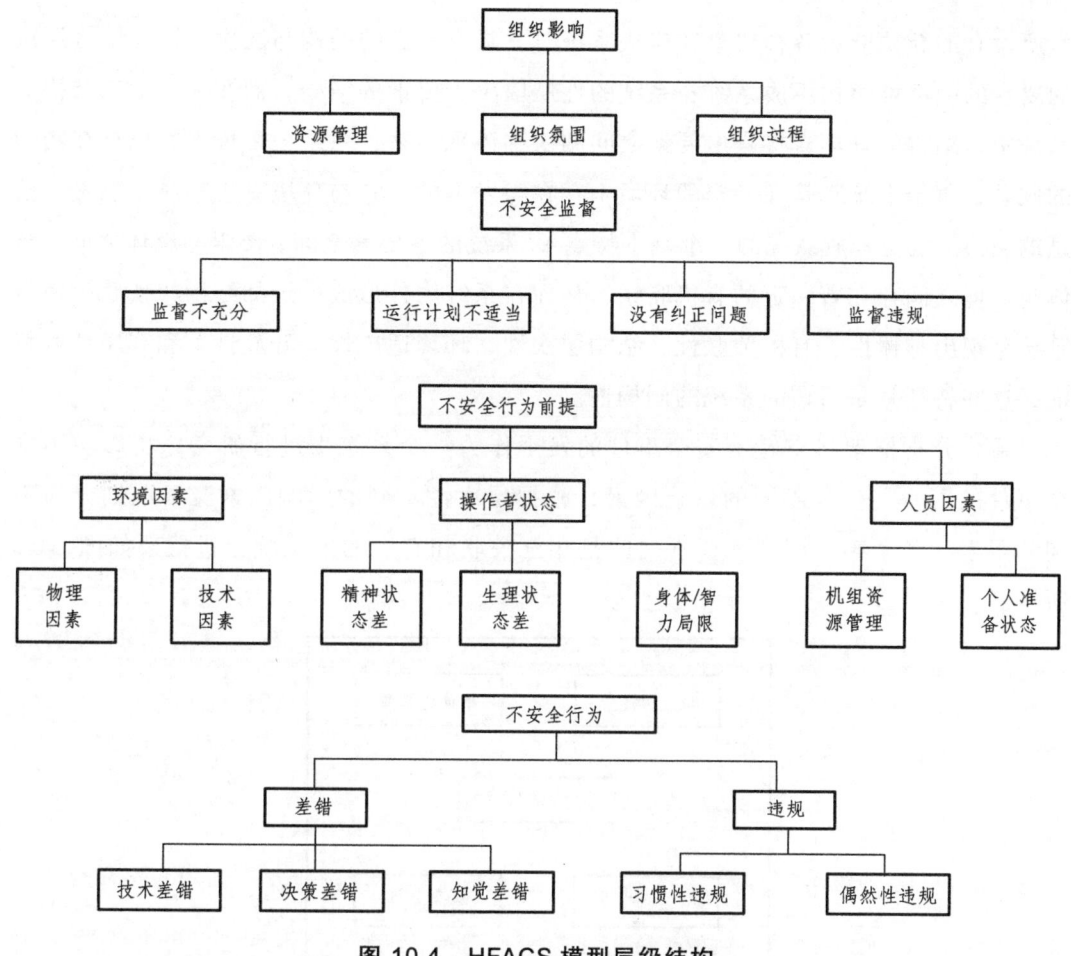

图 10.4　HFACS 模型层级结构

10.4.1.2　系统分析框架

系统是系统分析的最基础的概念。按照一般系统论的创立者贝塔朗菲（L·von Bertalanffy）的观点，系统是处于一定的相互关系并与环境发生关系的各个组成部分（要素）的总体（集）。我国著名科学家钱学森则主张把"极其复杂的研究对象称为系统，即相互作用和相互依赖的若干组成部分合成的具有特定功能的有机整体，而且这个系统本身又是它所从属的一个更大系统的组成部分。"因此，我们可以一般地将系统界定为是由若干处于相互联系并与环境发生相互作用的要素或部分所构成的整体。

世界上的一切事物都是作为系统而存在的，是若干要素按一定的结构和层次组成的，并且具有特定的功能。系统普遍存在于自然界和人类社会之中。它是由要素所构成的整体，离开要素就无所谓系统，因而要素是系统存在的基础；系统的性质一般是由要素所决定的（有什么的要素，就具有什么样的系统及其功能），但系统又具有各要素所没有的新功能；各种要素在构成系统时，具有一定的结构与层次，没有结构层次的要素的胡乱堆积构不成系统；系统的性质取决于要素的结构，而在一个动态结构的系统中，结构的好坏直接是由要素之间的协调体现出来；系统与环境之间也存在密切的联系，每个系统都是在一定的环境中存在与发展的，它与环境发生物质、能量和信息的交换（这是开放系统的一个基本特点）。系统的各要素之间，要素与整体之间，整体与环境之间存在着一定的有机联系，从而在系统内外形成一定的结构与秩序，使得系统呈现出整体性、有机关联性、结构层次性、环境适应性（开放性）和有序性等特征，这些特征就是所谓的系统的同构性。

系统分析框架将空管不安全事件的发生作为一个系统来进行研究，将影响不安全事件的因素划分为不同的影响因素，根据层次性不同的影响因素又可以划分为不同的要素，各个影响因素和要素之间是相互关联和有序的。系统分析框架如图10.5所示。

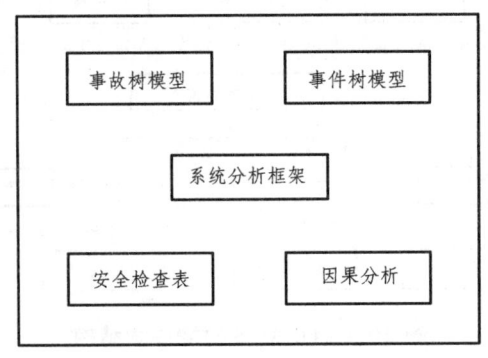

图 10.5　系统分析框架

1．事故树模型

事故树分析是安全系统工程中最重要的分析方法，该方法是由美国人威森提出的，最早用于民兵式导弹发射控制。事故树分析采用一种表示导致灾害事故的各种因素之间因果及逻辑关系图，也就是在设计过程中或现有运行系统中，通过对可能造成系统事故或导致灾害后果的各种因素（包括硬件、软件、人、环境等）进行分析，并根据工艺流程、先后次序和因果关系绘出事故树，从而确定系统故障原因的各种可能组合方式及其发生的概率，进而计算系统的故障概率，并据此采取相应的措施以提高系统的安全性和可靠性。其建造过程为：①熟悉系统，全面了解系统的整个情况；②调查事故，尽量广泛地了解事故；③确定顶上事故；④调查事故原因；⑤建造事故树，从顶上事件开始；⑥修改、简化事故树；⑦定性分析，求出最小割集或最小径集；⑧定量分析；⑨制定安全对策。事故树模型分析过程如图10.6所示。

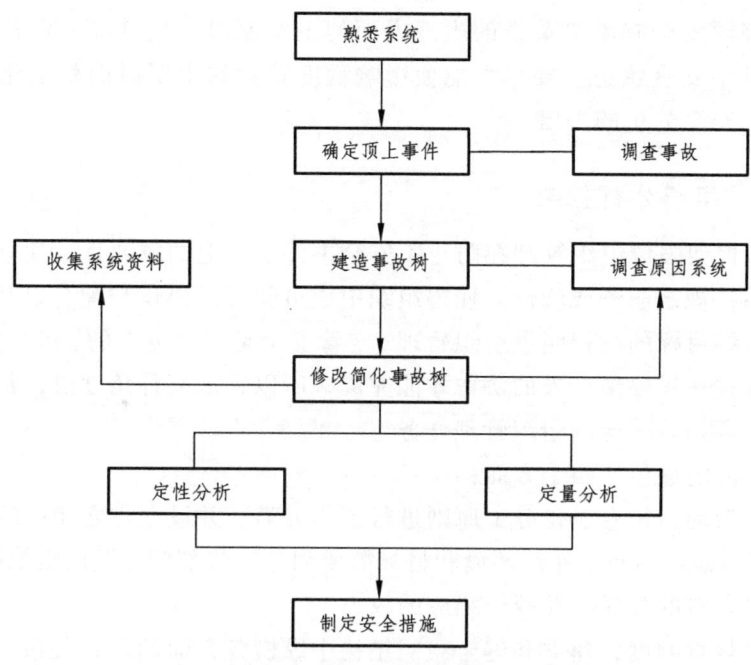

图 10.6 事故树模型

2．因果分析法

因果分析法是把系统中造成事故的原因及事故造成的结果所构成错综复杂的因果关系，采用简明文字和线条加以全面表示的一种方法，它主要以图形的方式来表达事故发生的原因与结果的关系。因果分析图用箭头所示方向表示出因果关系，其图形状好像一条完整的鱼，有骨头有刺，故又称为鱼刺图，如图 10.7 所示。因果分析法由原因和结果两部分组成。一般情况下，可从人的不安全行为（安全管理、设计者、操作者等）和物质条件构成的不安全状态（设备缺陷、环境不良等）两大因素中从大到小，从粗到细，由表及里，一层一层深入分析事故原因。因果分析法的认识基础就是一个系统安全与否，主要取决于人、机械、环境、管理等四个方面。对生产系统的安全管理而言，就要对四个方面的因素实施全方位管理。在分析过程

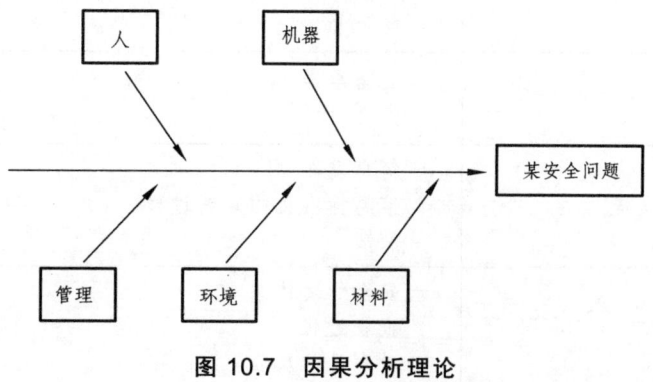

图 10.7 因果分析理论

中，要掌握好同安全有因果关系的生产方面的主要原因，使其经常保持稳定状态。为了使系统处于安全状态，要尽可能使影响程度较大的主要原因稳定化，而找出主要原因就成了安全分析的关键。

10.4.1.3 组织分析框架

组织分析框架强调组织管理在防止不安全事件发生上的重要性，建立组织结构，明确责权关系，规定职务或职位，使得组织中成员间得以协作与配合以及共同劳动，有效地实现组织目标的过程叫做组织管理。空管安全是一个庞大的、错综复杂的系统，绝大多数工作往往需要多个人的协作才能完成，所以，从某种角度讲，每一个人都是组织管理者，承担着一定的组织管理任务。

组织管理的内容包括四个方面：

（1）确定活动，按专业化分工原则进行工作分类，并设立与之相应的工作岗位。

（2）根据组织的特点、外部环境和目标需要划分工作部门，设计组织机构和结构。

（3）明确各自的责任，并授予相应的权力。

（4）制订规章制度，建立和健全组织结构中纵横各方面的相互关系。空管不安全事件的组织分析框架如表 10.1 所示。

表 10.1 组织分析框架

组织分析框架	
培训	设计 实施 标准化程度 评估
人力管理	排班 人员编制 任务和工作量分配
风险管理	危险源辨识 风险评估 风险管控
责任	安全承诺 安全责任
沟通交流	信息发布 信息标准化的处理过程 反馈
安全文化	安全管理体系 报告过程 对事件的反应

10.4.2 不安全事件的分析步骤

空管不安全事件案例分析步骤通常包括：不安全事件过程描述；确定不安全事件分析方法，进行不安全事件发生原因分析；提出整改建议和措施；撰写分析报告等，具体分析流程如图 10.8 所示。

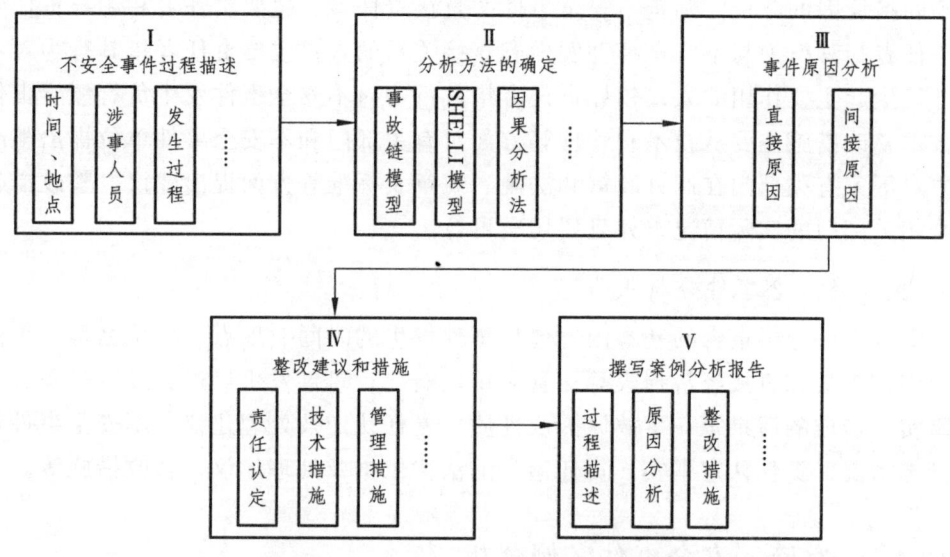

图 10.8　空管不安全事件的分析流程

1．事件过程描述

事件描述包括不安全事件发生的时间、地点、涉事人员、不安全事件发生的过程。事件描述需要查明事件造成的人员伤亡和航空器损坏情况。事件发生的时间、地点和航空器经营人；航空器的类别、型号、国籍和登记标志；机长姓名、机组人员、旅客（乘员）人数；任务性质；最后一个起飞点和预计着陆点；事件简要经过；事件发生地区的物理特征；事件发生的可能原因；事件发生后采取的应急处置措施；事件信息的来源等。

2．确定不安全事件分析方法

不安全事件分析方法有：事故树分析理论，事件树分析理论，因果分析法，SHELL 模型，Reason 模型等。

3．不安全事件发生原因分析

不安全事件发生的原因，通常有两个层次，即直接原因和间接原因。直接原因通常是一种或多种不安全行为、不安全状态或两者共同作用的结果。间接原因可追踪于管理措施及决策的缺陷，或者环境因素。分析原因时，应从直接原因入手，逐步深入到间接原因，从而掌握事故的全部原因。在分析原因时通常要明确：在不安全事件发生之前存在什么样的征兆，不正常的状态是在哪里发生的，在什么时候首先注意到不正常的状态，不正常状态是如何发生的，不安全事件为什么会发生，事件发生的可能顺序以及可能的原因（直接原因、间接原因），分析事件发生的顺序。

4．提出整改建议和措施

在确定不安全事件发生的直接原因和间接原因后，根据确认的事实，通过对直接原因和间接原因的分析，确定不安全事件的直接责任者、主要责任者和领导责任者；直接责任者指其行为与不安全事件发生有直接关系的人；主要责任者指其行为对不安全事件发生起主要作用的人；领导责任者指其行为对不安全事件发生负有领导责任的人。技术整改措施主要从技术和管理等方面对有关部门和不安全事件单位提出整改建议，并对国家有关部门在制订政策和法规、规章及标准等方面提出建议。整改措施应该结合相关部门的实际情况，并且要切实可行。

5．撰写不安全事件分析报告

不安全事件分析报告的基本内容包括事件发生的时间、地点、单位名称、事件类别以及伤亡人员和直接经济损失等；管制单位概况；事件发生经过，发生过程、主要违章事实、造成的后果等；事故原因及性质；责任认定及处理建议；不安全事件责任者的基本情况；责任认定事实、责任追究的法律依据及处理建议，整改措施等。

10.4.3 空管不安全事件案例分析

××××年××月××日，××空管分局发生了一起管制原因造成的不安全事件，分析过程如下。

1．事件过程描述

当日，东方航空 CES745（机型 CRJ200，机号 B3021）执行昆明—南宁航班任务，09：27（北京时，下同）从 MEPAN 高度 8 100 m 进入南宁管制西扇区，预计百色时间 09：35。天津航空 GCR6532（机型 EMB190，机号 B3128）执行南宁－西安航班任务，南宁起飞时间 09：15，预计百色时间 09：35。两机预计在百色上空汇聚相遇。

09：20，GCR6532 联系南宁管制西扇区；

09：25，管制员指挥 GCR6532 离开 4 800 m 上升到 9 200 m 保持；

09：26，CES745 联系南宁管制西扇区，管制员指挥其保持 8 100 m；

09：33，雷达显示 CES745 和 GCR6532 出现 STCW 黄色告警，此时，CES745 保持 8 100 m，GCR6532 高度 7 860 m 上升；管制员立即指挥 CES745 紧急右转航向 180°，同时指挥 GCR6532 右转航向 360° 避让；

09：34，冲突解除，管制员指挥 CES745 和 GCR6532 回到航路。

后经雷达录像回放显示：CES745 与 GCR6532 两机小于雷达最小管制间隔 10 km 时高度差 90 m（CES745 保持 8 110 m、GCR6532 为 8 020 m）；两机最小水平间隔 7.1 km 时高度差 60 m（CES745 保持 8 110 m、GCR6532 为 8 050 m）。

2．分析方法的确定

采用SHELL模型进行分析。

3．管制原因分析

西扇区管制席位管制员1名、协调监控席管制员1名、带班主任1名。各管制员所持管制执照、健康证均符合规定，所有人员执勤前未报告有身体异常状况。事发当时，南宁区域管制室分为东、西两个扇区运行，实行雷达管制，事发地点为西扇区。09：20—09：35期间，西扇区内有7架飞机，通信、导航、监视设备均工作正常，天气适航，无特殊天气报告，无空军训练活动，临时航线不同意使用。

由上述材料分析可知，硬件和软件都正常，不安全事件的原因主要在于人和环境因素。

（1）人为因素。

① 管制席管制员遗忘飞行动态。

管制席管制员未利用进程单进行冲突预测，未实施有效的雷达扫视，遗忘8 100 m对头飞行的CES745航班的飞行动态，指挥GCR6532从4 800 m直接上升航线高度9 200 m，是造成此次不安全事件的直接原因。指令发出后，管制员仍未按要求进行不间断的雷达扫视，错失了发现CES745和CGR6532之间潜在冲突和进行调配的时机。

② 管制席管制员违反侧向偏置程序使用规定。

事发当日管制席管制员在保障设备运行正常、无特殊天气、军方没有特殊要求的情况下，未按要求对CGR6532执行3 n mile的侧向偏置程序，造成安全裕度不足。

③ 管制员未有效履行岗位职责。

监控协调席管制员在接到管制移交时，违反进程单使用规定，未有效利用进程单判断移交航空器与区域内已接受管制的航空器之间存在的潜在冲突，从而导致潜在飞行冲突的长期存在。同时，监控协调席管制员未认真履行监控职能，对管制席管制员发出不恰当指令以及飞行动态没有起到监控作用。

④ 特殊情况处置能力不强。

当管制员发现CES745与GCR6532存在飞行冲突时，两机直线距离为27.8 km且有航迹差，仍有一定的处置时间和空间。但管制员紧急避让措施不到位，只指挥了航向避让，没有指挥高度避让，未能有效避免飞行冲突的进一步加剧。

（2）环境因素。

① 管制安全运行不够规范。

××空管分局在实施管制运行工作中，存在着一定的不规范行为，安全隐患较为突出。一是运行标准不统一，班组之间对相同工作的要求存在差异；二是管制用语不规范，在以往开展的安全检查中均有记录，但整改效果不明显；三是管制员对空指挥随意性强，此次事件突出表现为管制员没有采取梯度上升的方式，而是直接从4 800 m

上升到航线高度 9 200 m；四是未能有效执行相关管制运行规定，如冲突连线、进程单使用、雷达监控、冲突提醒等相关要求未得到有效落实；五是带班主任作用不明显，带班主任对管制运行情况、班组资源情况、运行潜在的隐患不清楚、不掌握。

② 培训工作存在不足。

××空管分局管制员队伍年龄结构非常年轻，培训工作相对有所欠缺，主要表现在培训没有针对性，培训深度不够。很多管制员对相关运行管理规定只能做到表面的理解，制定相应规定的深层次原因不清楚，导致规定的执行效果差。培训工作不到位，也是导致管制运行工作不规范的原因之一。

③ 管制队伍较为疲惫。

由于当年安全审计工作的需要，分局从区域管制室抽调部分人员进行安全审计的准备工作，给本来人员相对紧张的管制员队伍进一步增加了工作负荷。部分管制员长期处于疲劳状态，身体和精神状况得不到恢复，工作精力不够集中，容易出现安全隐患。

4．整改措施

（1）合理排班，确保管制员得到充足的休息。

××分局有关部门要对目前执行的管制员排班情况开展认真的调研，在不影响管制运行的情况下，充分考虑管制员休息的需要，提供包括班车、休息场所等条件，增加管制员休息时间，提高管制员休息质量，确保管制员良好的精神状态。

（3）加强培训，不断提高管制运行规范程度。

××分局要针对本单位管制人员数量不足、年轻化严重、管制经验欠缺等特点，开展具有针对性的培训工作，逐步规范陆空通话，增强特情处置能力，严格执行偏置程序，认真落实各项安全管理要求，逐步规范管制运行工作。特别是要开展应急处置方面的培训，将培训内容与实际结合起来，切实起到培训的效果，进一步提高管制人员的应急处置能力。

（3）借助审计，认真开展规章的宣传教育活动。

结合正在开展的安全审计工作及空管系统开展的"安全生产月"活动，对本单位各部门的运行规章进行一次重新梳理和修订，目的是要强调规章的系统性、规范性和可操作性。同时要大力开展运行规章的宣传教育工作，使一线运行人员对各项规章能够得到深入的理解，切实将规章落到实处。

（4）加强沟通，逐步建立单位内部有效的沟通机制。

××分局要高度重视单位内部各个部门之间的沟通工作，开通各种信息反馈渠道，加强相互沟通，增进相互理解，使上级机关的各项工作和管理规定得到运行单位的普遍认可。同时也要使运行单位对工作的各项改进意见能够得到有效的反馈，逐步建立单位内部有效的沟通机制。

10.5 本章小结

空管系统不安全事件是因空管系统单位、个人或设施设备原因影响安全运行的事件，包括空中交通管制、通信导航监视、航空气象及航空情报等专业。不安全事件的报告制度分为强制报告制度和自愿报告制度。强制报告制度适用于空管系统空中交通管制单位，自愿报告制度适用于空管系统各单位及全体人员。不安全事件调查范围主要包括事件调查的原则、组织、人员、方式、报告等方面。

在调查内容的基础上通过事故树分析法以及因果分析法和 SHELL 模型、Reason 模型等模型方法解决问题，最后通过对历史不安全事件的相关案例分析，归纳总结了相关方法的实践情形，为日后相关事故及空管不安全事件分析提供了实践依据和方法指导。

复习思考题

1. 什么是事故？什么是事故征候？
2. 什么是不安全事件？不安全事件的分类有哪些？
3. 在不安全事件的报告类型当中，属于强制性报告的事件有哪些？
4. 不安全事件调查的原则是什么？
5. 不安全事件调查的内容是什么？
6. 简述常用的不安全事件分析方法。
7. 简述不安全事件的分析步骤。

参考文献

[1] 国际民航组织. 安全管理手册（SMM）第一版（Doc9859AN/460），2006.

[2] 国际民航组织. 安全管理手册（SMM）第二版（Doc9859AN/474），2009.

[3] 国际民航组织. 安全管理手册（SMM）第三版（Doc9859AN/474），2013.

[4] 国际民航组织. 国际民用航空公约附件11《空中交通服务》第十三版第44次修订，2006.

[5] 国际民航组织. 国际民用航空公约附件19《安全管理》，2013.

[6] 国际民航组织. 安全管理体系（SMS）课程大纲和信息，2006.

[7] 国际民航组织.《PANS-ATM》（DOC4444）.

[8] 国际民航组织工作文件 DGCA/06-WP/6，2006年3月.

[9] 中国民航局.《中国民航安全审计指南》，2007.

[10] 中国民航总局. 系统安全管理高级培训班教材，2005年6月.

[11] 中国民航局.《民航空中交通安全管理规则（送审稿）》，2008.

[12] 中国民航局.《中国民用航空安全管理体系建设总体实施方案》，2007.

[13] 中国民航局.《民航空中交通管理安全管理体系建设要求》，2009.

[14] 中国民航局.《民航空管安全管理体系建设指导手册》，2009.

[15] 中国民航局空管局.《民航空管安全评估办法（试行）》，2007.

[16] 中国民航局空管局.《民航空管安全管理办法》，2007.

[17] 中国民航局空管局.《中国民航空管系统安全管理体系建设与实施指南》，2010.

[18] 中国民用航空局. 民用航空空中交通管理运行单位安全管理规则（CCAR-83），2010.

[19] 中国民用航空局. 民用航空安全信息管理规定（CCAR-396-R2），2010.

[20] 中国民用航空局. 民用航空空中交通管理规则（修订送审稿）（CCAR-93-R4），2010.

[21] 中国民用航空局. 民用航空空中交通管制培训管理规则（CCAR-70TM-R1），2012.

[22] 中国民用航空局. 民用航空空中交通管制和情报基础专业培训大纲（WM-TM-2012-003），2012.

[23] 中国民用航空局. 民航空中交通管理安全管理体系（SMS）建设指导手册（第三

版)(MD-TM-2011-001), 2011.

[24] 中国民用航空局. 民航空中交通管理安全评估管理办法(AP-83-TM-2011-01), 2011.

[25] 中国民用航空局空中交通管理局. 中国民航空管系统安全管理体系建设与实施指南(AC-83-TM-2010-03), 2010.

[26] 中国民用航空局空中交通管理局. 民航空中交通管理系统不安全事件报告制度(MD-TM-2001-114), 2001.

[27] 中国民用航空局空中交通管理局. 民航空中交通管理系统不安全事件调查程序(MD-TM-2001-47), 2001.

[28] 中国民用航空局空中交通管理局. 民航空管系统不安全事件标准(试行), 2014.

[29] 杨昌其. 空中交通安全管理体系理论与应用[M]. 成都: 西南交通大学出版社, 2010.

[30] 罗云, 程五一. 现代安全管理[M]. 北京: 化学工业出版社, 2009.

[31] 中华人民共和国国家标准. GB/T 19001: 2000 – 质量管理体系要求.

[32] 左东红, 贡凯青. 安全系统工程[M]. 北京: 化学工业出版社, 2004.

[33] 仲建新. 必须结合国情来建立和实施安全管理体系(SMS)[J]. 民航管理, 2006.

[34] 高洪江. 安全管理体系(SMS)与质量、环境、健康管理体系的模式辨析[J]. 民航管理, 2006.

[35] 英国民航局.商业运输航空运行安全管理体系(CAP712).

[36] 国际标准组织. ISO 9001: 2000 – 质量管理系统要求.

[37] 王永刚, 张秀艳等. 国内外民航 SMS 的建设进展[J]. 中国民用航空, 2009.

[38] 美国联邦航空局. 系统安全手册(System Safety Handbook).

[39] 加拿大运输部. 安全管理系统概论(TP13739).

[40] 加拿大运输部. 安全管理系统实施指南(TP13881).

[41] 加拿大运输部. 安全管理系统实施程序指南(TP14343E).

[42] 加拿大运输部. 民航风险管理与决策(TP13095).

[43] 加拿大运输部. 安全管理系统评估指南(TP14326).

[44] ICAO Doc4444-ATM501, 14th Edition, 2001-2003.

[45] Integra Consult A/S, Safety Management Manual, December 2004.

[46] Integra Consult A/S, Safety Management System Implementation Plan, December 2004.

[47] Integra Consult A/S, Safety Management Training Plan, December 2004.

[48] Safety Management Systems MANAGING CHANGE IN ATM, ICAO Regional Office Bangkok, Thailand, ICAO SAFETY SEMINAR, MAY 2007.

[49] Safety Management System Manual, CAAS, December 2002.

[50] Use of Safety Management Systems by ATM Service Providers, EUROCONTROL.

[51] Risk Assessment And Mitigation In ATM, EUROCONTROL.

[52] Safety Management Systems Manual, Federal Aviation Administration.

[53] Safety Risk Management Guidance For System Acquisitions, Federal Aviation Administration.

[54] Safety Management Systems for Air Traffic Management (CAP 730), UK Civil Aviation Authority.

[55] Guidance on the Conduct of Hazard Identification Risk Assessment and the Production of Safety Cases For Aerodrome Operators and Air Traffic Service Providers (CAP 760), UK Civil Aviation Authority.

[56] Safety Management Systems Getting started, Civil Aviation Safety Authority Australia.

附录1 空管安全管理体系差异分析表

1　管理承诺与策划		
1.1　安全政策	结论	备注
空管单位制定安全政策		
安全政策由主要负责人签署批准		
安全政策符合国家和行业的相关法律法规的要求		
安全政策承诺安全具有最高优先地位、承诺持续改进安全管理体系		
安全政策适合于空管单位的性质和规模		
安全政策传达给所有从业人员		
从业人员理解并按照安全政策执行		
定期评审安全政策，保持评审记录		
1.2　安全目标	结论	备注
制订本单位的安全总目标		
安全目标由空管主要负责人签署批准		
安全目标在本单位内部公开		
配备了实现安全目标配所需的资源		
定期评审和更新安全目标		
评审过程和结果得到记录归档		
安全目标是可度量、可量化的、可实现的		
安全指标合理分解到基层、岗位、个人		
从业人员明确单位和本岗位的安全目标		
1.3　组织机构及其职责	结论	备注
空管单位由管理者代表的领导来具体负责安全管理体系的实施		
成立航空安全委员会		
航空安全委员会组成和职责符合安全管理体系的要求		
航空安全委员会按照规定召开安全会议		

续表

	结论	备注
按照要求设立安全管理部门，人员达到要求		
各部门在安全管理体系中的职责清晰明确，并形成文件		
1.4　文件管理	结论	备注
空管单位自身的文件系统清晰明了		
制订文件编写、发布、控制、存档、检索、修订和废除等环节的工作的程序		
指定专人定期接收最新的航空安全法规及相关文件，并及时对文件进行更新		
空管单位文件系统中形成完整的安全管理体系文件		
制订程序来确保文件使用者及时得到相关文件，并确保文件的有效性		
2　安全管理程序		
2.1　安全评估	结论	备注
空管单位制定安全评估申请、实施和上报程序		
制订安全相关程序确保能够及时准确提供安全评估所需的信息、数据和文档		
制订安全评估后续监控的办法		
从业人员接受过关于安全评估的相关培训，培训效果良好		
2.2　风险管理	结论	备注
建立风险管理制度，并形成文件		
明确风险的可能性、严重程度划分标准和可接受安全水平		
各部门建立本部门的危险源控制单		
危险源控制单得到及时更新和完善		
对识别出的危险——进行分析		
制订风险缓解的相关程序		
是否对已经识别出的危险进行分析，制定风险缓解方案		
对于风险缓解方案的实施进行监控		
风险管理程序得到定期评审		
从业人员接受过关于风险管理的相关培训，培训效果如何		
风险管理过程进行记录，形成文档		
2.3　安全信息管理	结论	备注
制订安全信息管理的制度和工作程序		

续表

明确安全信息收集的范围、负责的部门、安全信息的处理流程和发布方式		
建立本单位的安全信息数据库		
所有与安全有关的设备设施及其运行和维护记录进入安全信息数据库		
建立内部的安全信息报告系统		
公开内部安全信息报告系统的报告渠道		
对报告安全信息的从业人员及时反馈信息		
定期收集来自外部的与空管有关的安全信息		
对于收集的安全信息,安全管理部门定期进行整理、分析		
建立发布安全信息的工作程序,发布和利用的形式多样		
2.4 事件调查与处置	结论	备注
制订事件调查的程序,明确调查的负责部门,具体实施办法		
事件调查过程中发现的问题,制定整改措施		
对于整改措施的实施进行监督事件调查和分析的过程详细记录		
事件调查和分析的过程详细记录		
事件调查和分析的结果进入安全信息数据库		
2.5 应急保障程序	结论	备注
制订应急保障方案,并形成文件		
应急保障程序与空管单位实际情况相匹配		
各部门定期更新应急保障程序预案序		
安全管理部定期检查各保障部门的应急保障程		
各部门建立应急保障程序的详细记录		
从业人员熟悉应急预案,各部门定期组织演练		
是否对应急预案进行定期评审		
与其他外部参与机构签署协议,形成完善的沟通与协作机制		
3 监督、测评与改进		
3.1 内部安全监督	结论	备注
空管单位制定相应办法来保证内部安全监督得以落实		
内部安全监督形式多样		
配备足够的人员及资源来进行安全监督		
建立了安全检查制度,并制定相关程序		

续表

	结论	备注
3.3　安全绩效管理	结论	备注
制订安全绩效考核管理办法		
制订明确的绩效考核指标体系		
相关部门对绩效考核的结果进行分析和研究,并提交航空安全委员会和管理评审会进行讨论		
绩效考核结束后有相应的管理办法		
绩效管理进行记录,并进入安全信息数据库		
3.4　内部审核	结论	备注
制订操作性强的内部安全审核程序		
实施内部安全审核的标准明确		
内部安全审核小组成员具有相关的资质和经验		
是否对发现的问题及采取的措施详细记录		
建立跟踪整改程序		
3.5　管理评审	结论	备注
空管单位建立空管安全管理系统管理评审制度		
管理评审由空管单位主要负责人主持召开		
是否就安全管理体系的改进进行讨论		
是否制订跟踪整改措施		
4　安全促进		
4.1　安全培训和教育	结论	备注
建立三级安全教育培训制度并得到落实		
全体员工是否进行经常性安全教育		
管理人员是否相应的安全教育培训		
制订培训的监督检查办法		
制订员工培训考核方法		
部门为本部门人员建立安全教育培训档案		
4.2　安全沟通	结论	备注
建立安全沟通机制		
针对不同的沟通目标和方法,建立相应的规范和程序		

附录2 安全文化建设要点

要　点	内　　涵
安全观	民航空管单位高层至基层员工对安全的态度一致：安全第一
管理层的承诺	民航空管单位主要负责人承诺提供本单位安全管理体系所需的资源，并见诸实际
接受挫折	民航空管单位高层理解从业人员会犯错误，并对从业人员进行培训，避免类似问题出现
例行会议制度	民航空管单位航空安全委员会的会议将安全隐患作为议题，而不是发生不良后果才讨论
惩罚政策	惩罚政策建立在可接受行为和不可接受行为区分清楚的基础上。民航空管单位对差错和违章区别对待：差错是不可避免的，违章需要严肃处理
承认不足与改进措施	民航空管单位愿意承认自身存在的组织因素。发生意外事件后，民航空管单位主动采取措施，防止类似事件再次发生
事件研究与分析	民航空管单位航空安全委员会的会议仔细研究以往的安全事件，并和外部单位及时沟通安全信息和其他安全问题
改进措施	发生不安全事件后，民航空管单位高层的首要目标是识别事件的原因，采取改进措施，而不是推诿相关人的责任
组织健康程度检查	民航空管单位高层对安全管理的态度是积极主动的。即采取下列这些措施：识别重复发生问题的原因，并减少人为差错；尽力减少可能导致人为差错的工作环境和组织因素的影响；定期对已知的能够引起不良后果的组织因素进行检查审核
识别组织层面的因素	民航空管单位高层积极识别引起差错的组织因素
文件管理	民航空管单位建立了文件管理系统，并能够对文件进行有效控制
参事议事	民航空管单位不同级别的从业人员均有机会参加安全会议和讨论
专职安全人员	民航空管单位的安全管理机构与安全管理人员设置合理

续表

要　点	内　涵
鼓励报告	民航空管单位鼓励从业人员报告安全信息，不将提交的报告作为惩罚依据，并建立民航空管单位内部安全信息报告系统
信任机制	民航空管单位安全管理体系的建设建立在对员工信任的基础上
事件调查目的	民航空管单位安全政策对事件调查机制做出承诺，表明民航空管单位对安全的态度。明确事件调查的目的不是为了追究责任，而是为了查明导致事件发生的原因，防止事故的发生
鼓励报告隐患	空管单位有意提高从业人员安全意识，比如鼓励从业人员识别可能的差错，并设想可能的措施，积极进行反映
反馈机制	民航空管单位能够及时对各种内部和外部信息做出反应

附录3 危险源信息报告单

危险源信息报告单			
编号			
提交人		提交时间	
受理单位		受理时间	
危险源			
后果描述			
建议控制措施			
受理单位			

备注：提交人、提交时间、危险源、后果描述和建议控制措施由提交人填写，其余为受理单位填写。

附录4 涉及空管的危险举例

要素	类别	举例
管理/程序	航线结构不合理	航路交叉点过多
	空域划设不合理	航路距空军空域过近
	工作程序不合理	管制协议不合理
	规章制度不适用	应急处置程序缺失
	管理者决策失误	对于侵入跑道的特殊情况处置决策不当
	管理决策未有效执行	要求加强航班动态的监控,但副班忙于协调未疏于监控
人为因素	工作失误	管制间隔调配失误
	违反工作程序	飞行计划制作错误,飞行进程单填写不规范
	飞行动态监控不力	机组低于安全高度飞行管制员未发现
	信息通报不畅	管制移交不及时
	疲劳上岗	管制员值勤时间打盹
	工作负荷过大	管制扇区内流量过大
	业务能力差	与国外机组英语通话不畅
设备因素	通信设备工作不正常	陆空通信失效
	监视设备工作不正常	雷达天线失效
	导航设备工作不正常	导航台不工作
	灯光工作不正常	飞机进近阶段进近灯光失效
	设备支持软件工作不正常	雷达信号处理系统失效
外部/环境	机组原因	偏离航线,飞错高度,违反指令
	飞机故障	发动机故障,座舱释压
	军航原因	军航飞机误入民航空域
	升空物体	起飞方向出现气球
	鸟击意外	发动机遭鸟击
	恶劣天气	飞行航空器被雷雨包围
	非法干扰	劫机
	电磁干扰	陆空话频出现无线电干扰